Ernst Hofmann

# Der **Käfersammler**

REPRINT – VERLAG
LEIPZIG

Die zum Teil geminderte Druckqualität ist auf den Erhaltungszustand der Originalvorlage zurückzuführen

Reprint der Originalausgabe von 1883
nach dem Exemplar der Sächsischen Landesbibliothek Dresden
(Signatur: 4 A 7916)


Volker Hennig, Goseberg 22–24, 37603 Holzminden
ISBN 3-8262-0801-3

Lektorat: Andreas Bäslack, Leipzig
Einbandgestaltung: Jens Röblitz, Leipzig
Gesamtfertigung: Westermann Druck Zwickau GmbH

# Der Käfersammler.

20 kolorierte Tafeln mit 502 Abbildungen und begleitendem Text

von

Dr. Ernst Hofmann,

Kustos am Kgl. Naturalienkabinet in Stuttgart.

Stuttgart.

Verlag der Hoffmann'schen Verlagsbuchhandlung

(A. Bleil).

# Vorwort.

Das lebhafte Interesse, welches unsere Jugend an der Natur nimmt, sollte durch Eltern und Erzieher möglichst gepflegt und gefördert werden. Ganz besonders sind es die Käfer und Schmetterlinge, welche das Interesse unserer Jugend in der Natur erregen, teils durch ihr munteres Gebahren, teils durch ihr meist prächtiges Kleid. Um in das oft planlose Sammeln dieser Tiere durch unsere Jugend Ordnung zu bringen, wird den Eltern stets ein gutes Buch erwünscht sein. Einem solchen Bedürfnis sollen die vom Verfasser herausgegebenen beiden Bändchen „Der Käfersammler" und „Der Schmetterlingsfreund" entgegenkommen, welche außerdem den Vorzug des billigen Preises bei äußerst gefälliger Ausstattung besitzen.

Über den Schmetterlingsfreund wolle man Näheres am Ende dieses Bändchens aus der Anzeige der Verlagsbuchhandlung ersehen.

Das vorliegende Bändchen, „Der Käfersammler" führt dem Anfänger und Liebhaber der Käfer über **500** möglichst treu nach Originalen gezeichnete größere Arten vor und lehrt ihn die Fundplätze und Eigentümlichkeiten derselben kennen. Die Einteilung des Buches wurde so angeordnet, daß die ältere Einteilung nach der Fußbildung und auch die der jetzt bestehenden Familien, soweit es der Raum gestattete, fast alle berücksichtigt und kurz beschrieben wurden, so daß „Der Käfersammler" zugleich auch eine Brücke für diejenigen bilden soll, welche sich eingehender mit dem Studium der Käfer beschäftigen wollen, und welche auch die bei weitem größere Anzahl der ganz kleinen Arten kennen lernen wollen.

Deshalb wurde bei jeder Gattung eine kurze Beschreibung vorausgeschickt und auch die Autoren bei jeder Art hinzugefügt, obwohl letztere für den Anfänger nicht so große Bedeutung haben als für den Fachmann, für den sie unentbehrlich sind.

Die deutschen Namen sind bei jeder Art verzeichnet Wenn auch nur wenige Arten durch ihre schöne Farbe, durch den Schaden oder Nutzen allgemein bekannt und mit besonderm deutschem Namen versehen sind, so bezeichnet doch die Übersetzung der teils lateinischen, teils griechischen Namen entweder die Farbe oder eine Eigentümlichkeit des Käfers, und wird deshalb die Übersetzung namentlich für solche, welche die klassischen Sprachen nicht betreiben, sehr erwünscht sein. Die Abbildungen lassen die Arten meist gut erkennen, deshalb wurden die Beschreibungen nur kurz abgefaßt und besonders die Merkmale hervorgehoben, welche die einzelne Art von der andern unterscheidet.

Dagegen wurden mehr die Fundplätze und Lebensweise der einzelnen Käfer beschrieben, da sie für den Sammler von großem Werte sind, und man dadurch oft seltenere Arten in Mehrzahl erhalten kann.

Da die Käfer in natürlicher Größe abgebildet sind, so wurde nur bei denjenigen die Größe in Millimeter angegeben, wo das erstere nicht thunlich war.

So möge denn „Der Käfersammler" Vielen Freude und Nutzen gewähren.

Stuttgart, im Frühjahr 1883.

Dr. Ernst Hofmann.

# Einleitung.

## Von den Käfern im allgemeinen.

Die Käfer bilden einen großen Teil der Insekten, haben meist harte Flügeldecken, unter welchen die eigentlichen Flügel verborgen sind. Kopf, Brust und Hinterleib sind vollkommen geschieden.

Der Kopf trägt Augen, Fühlhörner und Freßwerkzeuge, ist breiter als hoch und manchmal zu einem Rüssel verlängert. Die Augen sind Netzaugen, da ihre Oberfläche netzartig in viele kleine Felder geteilt ist; neben denselben befinden sich die Fühlhörner, welche meist aus zehn bis elf Gliedern bestehen.

Sind dieselben allmählich zugespitzt, so heißen sie borstenförmig; gleichbreit: fadenförmig; bestehen sie aus walzigen Gliedern: perlschnurförmig, oder aus Dreiecken: gekämmt; werden die Glieder allmählich dicker: keulenförmig; plötzlich angeschwollen: geknöpft, und blattartig erweitert: geblättert. Die Fühler bilden wichtige Unterscheidungsmerkmale und sind deshalb genau anzusehen.

Aus dem unteren Teile des Kopfes treten die Freßwerkzeuge heraus, welche zum Aufnehmen und Zerkleinern der Nahrung dienen, und aus Ober- und Unterlippe, Ober- und Unterkiefer bestehen. An jeder der Kinnladen sitzen Spitzen, aus drei bis vier Gliedern bestehend, Taster oder Palpen genannt. Manchmal werden die Oberkiefer ungeheuer groß und bilden eine Art Hörner, wie z. B. beim Hirschkäfer.

Die Brust der Käfer nimmt den mittleren Teil des Körpers ein, trägt sowohl Beine als Flügel und ist immer in drei Ringe geteilt, welche Vorder-, Mittel- und Hinter-Brust heißen. Auf der erstern befindet sich oben ein dreieckiges Schildchen, das Rückenschildchen; unten hat jeder Ring ein paar Beine, welche aus Schenkel, Schienbein und Füßen bestehen. Der Fuß hat zwei bis fünf kleinere Glieder; an dem letzten und längsten befinden sich dann die Klauen.

Nach dem Rückenschild kommen die Flügeldecken, deren Oberfläche oft mit Punkten, Streifen, Gruben oder Haaren versehen ist. Unter diesen harten Decken befinden sich die häutigen, durchsichtigen Flügel, welche allein das Fliegen ermöglichen. Viele Käfer haben nur kurze Flügeldecken und darunter lange, eingeknickte Flügel; manchen fehlen die eigentlichen Flügel und andere sind ganz ohne Flügel.

Der Hinterleib besteht meist aus neun über einander liegenden, beweglichen Ringen, an welchen sich an jeder Seite ein Luftloch befindet.

## Die Entwicklung der Käfer.

Die Männchen und Weibchen sind oft sehr verschieden gestaltet; letztere legen Eier, meist an solche Plätze, an welche die auskriechenden Jungen gleich Nahrung finden. Bewunderungswürdig ist oft die Sorgfalt der Weibchen beim Ablegen ihrer Eier. Einzelne verfertigen z. B. aus Mist Kugeln, welche das Ei enthalten und auch zugleich als Nahrung für das auskommende Junge dienen; andere bilden aus Blättern Rollen, welche ebenfalls die Eier und später die Larven bergen. Aus den Eiern kommen kleine Larven entweder mit sechs Füßen oder fußlos. Die der Laufkäfer sind langgestreckt, meist dunkel gefärbt und bewegen sich so schnell, wie der Käfer; die der Maikäfer gekrümmt, gelblichweiß, und werden Engerlinge genannt; die der Bockkäfer sind langgestreckt, fußlos, mit starken Ringen zum Einbohren in das Holz. Die der Rüsselkäfer sind ebenfalls madenförmig und gebogen. Die Entwicklungszeit ist sehr verschieden; während die Blattkäfer sich in wenigen Wochen entwickeln, brauchen andere oft drei bis sechs Jahre; haben die Larven die gehörige Größe erreicht, so werden sie, nach Abstreifung der Larvenhaut, Puppen, welche dem Käfer schon sehr ähnlich sehen, aber nur Flügelstummeln besitzen, sich nach einiger Zeit färben und dann nach Abstreifung einer dünnen Haut die Käfer ergeben.

Diese sind dann noch weich, meist wenig gefärbt und erhärten erst nach einigen Tagen, oft erst nach einigen Wochen. Die Flügel bekommen ihre natürliche Größe und Färbung und der Käfer ist dann vollkommen fertig. War die Nahrung der Larve eine zu geringe, so wird es kleine Exemplare geben, ein Wachstum des Käfers findet nicht statt; wird die Puppe während der Entwicklung gestört, oder zu trocken gehalten, so wird sich der Käfer nicht vollkommen ausbilden und es entstehen die sogenannten Krüppel.

## Der Käferfang.

Die besten Monate zum Fangen der Käfer sind Mai und Juni. Schon auf der harten Straße findet man die Laufkäfer, von denen unter den Steinen noch mehr zu suchen sind; in den Dunghaufen treiben sich die Mistkäfer und auf den Kadavern die Totengräber herum.

Zu beiden Seiten des Wegs können aus dem Gras mittelst des Streifnetzes viele Arten Käfer erhalten werden, ebenso durch Abklopfen der Bäume und Sträucher in einen untergehaltenen Regenschirm.

An Waldbäumen sitzen die Böcke, auf frisch gefälltem Holz und auf Holzstößen Borken- und Rüsselkäfer; ebenso sind die Rinde und der Mulm kranker Bäume gute Fundstellen. Auf den Blüten trifft man auch viele Arten, besonders auf den Schirmblüten, den Umbelliferen; manche können nur auf der Futterpflanze der Larven erbeutet werden. In der Mittagszeit fliegen viele Arten, besonders die Prachtkäfer und können mit dem Schmetterlingsnetz gefangen werden.

Eine große Anzahl kleiner Käfer sind unter abgefallenem Laube, in dem Moospolster um die Bäume verborgen. Man schüttelt dieses durch ein weitmaschiges Sieb, bringt das Durchgesiebte in ein Säckchen und sucht es zu Hause auf einem Bogen weißen Papier aus. Die Ufer der Flüsse und Seen sind gute Fangplätze, besonders unter den Steinen befinden sich viele Arten. In Wassergräben und kleinen Tümpeln fischt man die Wasserkäfer mittelst eines feinen Netzes. Die größte Ausbeute macht man bei Hochwasser, indem man die an den Rändern der Flüsse sich befindlichen Pflanzenteile in einem Sack mit nach Hause nimmt und dort aussucht.

## Das Herrichten der Käfer.

Alle durch die vorhin erwähnten Fangmethoden erhaltenen Käfer werden in kleine, weithalsige Gläser gethan, deren Stöpsel durchbohrt sind und in welchen ein Stück Glasröhrchen eingelassen ist. In den Gläschen befinden sich kleine Stückchen Fließpapier, welche mit zwei bis drei Tropfen Äther befeuchtet sind, teils um das Abreiben der Flügeldecken durch gegenseitige Berührung zu verhüten, teils um die Käfer durch den Ätherdunst besser zu betäuben und zu töten. Mehr Äther zu nehmem ist nicht gut, da sonst alles feucht und leicht verdorben wird. Man kann sich auch solcher Gläser bedienen, in welchen etwas Cyankalium in Gyps eingegossen ist und endlich solcher, welche halb mit starkem Weingeist und halb mit Wasser gefüllt sind. Doch eignen sich letztere nur für schwarze und glatte Käferarten.

Die im Cyankaliglas befindlichen Käfer müssen bald herausgenommen und angesteckt werden, die im Ätherglas können auch auf den nächsten Tag aufgehoben werden, da der Äther die Glieder der Käfer längere Zeit biegsam erhält. Die Käfer werden nun auf Fließpapier ausgebreitet, durch die rechte Flügeldecke mit der Nadel durchstochen und auf eine dicke Platte von Insektentorf gesteckt, welche mit Papier überzogen ist. Man kann nun mit einer

Nadel die Füße und Fühler richten, doch sind beide viel besser vor dem Abbrechen geschützt, wenn man sie an den Leib anlegt, wobei auch noch sehr viel Raum in den Sammlungskästen gewonnen wird.

## Das Anlegen einer Käfer-Sammlung.

Erst wenn man einige hundert von Käfern gefangen hat, kann man an das Einordnen derselben denken. Die leicht kenntlichen Lauf-, Laub-, Rüssel- und Bockkäfer werden zusammengesteckt, bei anderen, welche nicht in diese Gruppen passen, die Fußklauen gezählt. Diejenigen, welche an allen Füßen fünf Glieder haben, gehören zu den Pentameren. Dies sind die Laufkäfer, Schwimmkäfer, Halbflügler und Laubkäfer und noch viele kleinere Gruppen, bei denen die Zahl der Glieder öfters wechselt, was dann bei jeder Familie eigens bemerkt ist. Dann kommen solche, welche an den zwei vorderen Fußpaaren fünf, an den hinteren aber nur vier haben. Hierher gehören: die Taxikornen, Engflügler, Schwarz- oder Mehlkäfer, und außer vielen anderen die Öl- und Blasenkäfer. Es sind dies die ungleichgliedrigen, die Heteromeren. Die an allen Füßen nur vier Glieder besitzen, sind die Rüsselkäfer, Holzfresser, Bock- und Blattkäfer, und heißen die viergliedrigen: Tetrameren. Die vierte Gruppe endlich haben nur drei Glieder: die Kugel- und Zwergkäfer, die Trimeren, die dreigliedrigen. Erst wenn man in dieser Einteilung sich gut zurecht gefunden und auch eine große Anzahl von kleinen Arten eingesammelt hat, ist es möglich, die Arten nach den vierundfünfzig Familien zu ordnen, welche in Deutschland vorkommen. Sind die Käfer nach diesen vier Hauptgruppen geordnet, so sucht man durch die nachfolgenden Abbildungen deren Namen zu ermitteln, schreibt bei jeder Art den Namen der Art und den Fundort auf einen kleinen Zettel und steckt den Käfer auf denselben. Der Gattungsname wird, auf einen eigenen geschrieben, vor den betreffenden Käfern gesteckt.

Zum Aufbewahren der Käfer benützt man am besten ein mit einem abnehmbaren Glasdeckel versehenen Kasten von etwa 30 cm Länge und Breite und 5 cm Höhe, dessen Boden mit dem oben erwähnten Insektentorf (oder Kork oder Agave-Mark) belegt und mit weißem, dünnem Papier überzogen ist. Hat man mehrere derartige Kästchen beisammen, so können sie in einem kleinen Schränkchen vereinigt werden.

Die so angelegte Sammlung, welche im Anfang am raschesten wächst, weil alles dem Sammler noch neu ist, wird nun bei fortgesetztem Sammeln durch neue und allmählich auch durch seltenere Arten ergänzt werden, und bald wird der fleißige Sammler ein recht hübsches Bild von den in seiner Umgebung befindlichen Käfern besitzen, welches ihm viel Vergnügen und Belehrung verschaffen wird.

# Erste Gruppe.

Käfer mit fünf deutlichen Zehengliedern. Fünfgliedrige. Pentamera.

## Tafel I.

## 1. Familie. Sandläufer, Cicindelidae.

Lang gestreckte, unten schön metallisch gefärbte Käfer mit dickem Kopf, hervortretenden Augen und langen dünnen Füßen, welche schnell laufen, stoßweise fliegen und andere Insekten rauben, weshalb sie nützlich sind. Sie leben auf sandigem Boden in Löchern, in welche die Larven ihre Beute hineinziehen.

### Einzige Gattung: Sandläufer, Cicindela L.

**Fig. 1.** Feld-Sandl., C. campestris L., überall häufig auf sandigen Wegen und Grasplätzen in ganz Europa bis Nordasien, bildet im Süden viele Lokalvarietäten.

**Fig. 2.** Zwitter- oder Bastard-Sandl., C. hybrida L., ist ebenso häufig an sandigen Plätzen in ganz Europa und bildet auch viele Abänderungen im Süden und Norden.

**Fig. 3.** Wald-Sandl., C. sylvicola L., gleicht der vorigen ungemein, doch sind die zwei gelben Schulterflecken immer unterbrochen und er befindet sich nur in sandigen Abhängen im Walde.

**Fig. 4.** Dunkler Wald-Sandl., C. sylvatica L., oben kupferschwarz und leicht von dem vorigen zu unterscheiden. Nicht überall; in Nadelwaldungen. Schwarzwald.

**Fig. 5.** Deutscher Sandl., C. germanica L., die kleinste Art, auf Feldern und Grasplätzen, sucht bei Gefahr nicht durch fliegen zu entkommen, wie die übrigen Arten, sondern durch schnelles laufen, indem sie in Grasbüschel Deckung sucht.

## 2. Familie. Laufkäfer, Carabidae.

Große Familie, langbeiniger, schnell laufender Räuber, die meist schwarz gefärbt sind, unter Steinen, Moos, Baumrinden leben und durch Vertilgen vieler Insekten und deren Larven in Forsten, Gärten und auf Äckern sehr nützen. Ebenso nützlich sind auch ihre Larven, welche an ähnlichen Plätzen und im Miste von tierischen Stoffen leben. Die wichtigsten Gattungen sind:

### Grund-Laufkäfer, Omophron Latr.

Körper fast kreisrund, Kopf tief in das Halsschild eingesenkt. Bei den Männchen sind die beiden ersten Glieder an den Vorderfüßen erweitert.

**Fig. 6.** Gesäumter Grundl., O. limbatum Fab. An sandigen Ufern unter Pflanzenwurzeln. In größerer Menge des Nachts mit der Laterne zu sammeln.

### Narben-Laufkäfer, Blethisa Bon.

Halsschild flach, fast viereckig, an den Seiten stark gerandet, neben den Hinterecken mit einer tiefen Grube. Augen wenig vorragend. Die einzige Art bei uns lebt auf feuchten Wiesen.

**Fig. 7.** Vielpunktierter Narbenlaufk., B. multipunctata L. Nicht überall, an schlammigen Stellen von Fischteichen. In angespülten Pflanzenteilen öfters in großer Menge.

### Rasch-Laufkäfer, Elaphrus Fab.

Kleine Arten mit großen, kugelig und stark vorstehenden Augen und mit erhabenen Augenflecken verzierten matten Flügeldecken. An feuchten Stellen, Flußufern.

**Fig. 8.** Kupferfarbener Raschlaufk., E. cupreus Duft. Mit gelbbraunen Schienen. Ziemlich verbreitet, am Ufer von Fischteichen, im Winter unter Moos.

**Fig. 9.** Sumpf-Raschlaufk., E. uliginosus Fab. Kopfschild breiter als der vorige mit violetten Schienen. Wie der vorige an Teichen und Gräben.

## Eil-Laufkäfer, Notiophilus Dum.

Spiegelglatte, kleine Arten mit sehr großen Augen, mit doppelt so breitem als langem Halsschild und langgestrecktem Körper. An feuchten Orten unter Steinen.

**Fig. 10.** Wasser-Eillaufk., N. aquaticus L. Der häufigste von den fünf deutschen Arten, vom Frühjahr bis Herbst an feuchten Stellen, besonders unter Moos, Gras und Steinen.

## Schaufel-Laufkäfer, Cychrus Fab.

Hochgewölbt, Flügeldecken doppelt so breit als das Halsschild, welches in der Mitte am breitesten und mit einem erhöhten Rande versehen ist. Unter Steinen und feuchten Stellen im Gras.

**Fig. 11.** Schwarzer Schaufellaufk., C. rostratus L. Im Frühjahr in Wäldern unter Steinen und an feuchten Stellen im Gras; nicht häufig.

Kupferbrauner Schaufellaufk., C. attenuatus Fab. Halsschild beinahe herzförmig, Flügeldecken kupferbraun, punktiert gestreift, Schienen gelbrot, 13—16 mm lang. Seltener.

## Leder-Laufkäfer, Procrustes Bon.

Oberlippe zweimal gebuchtet. Kinn in der Mitte mit einem breiten abgestutzten Zahn. Vorderfüße der Männchen mit drei erweiterten Gliedern. In Wäldern.

**Fig. 12.** Deutscher Lederlaufk., P. coriaceus L. Der größte Laufkäfer bei uns. Häufig unter Steinen und Laub der Wälder, seltener in Gärten.

## Achte Laufkäfer, Erdkäfer, Carabus L.

Gattung meist von großen, stattlichen Arten, welche durch die mannigfaltige Skulptur ihrer Flügeldecken und Farbenabänderungen ausgezeichnet ist. Drittes Glied der Fühler walzenförmig, länger als die übrigen. Hinterleib eiförmig. Vorderfüße der Männchen mit vier oder drei erweiterten Gliedern. Mehr in Bergen und Gebirgsgegenden.

**Fig. 13.** Feingestreifter Laufk. C. monilis Fab. Flügeldecken grün, blau oder kupferfarben. Mitteldeutschland, unter Steinen und Erdschollen. Nicht häufig.

**Fig. 14.** Höckeriger Laufk., C. Ullrichi Germ. Flügeldecken hochgewölbt, größer als die beiden folgenden Arten. Ost- und Mitteldeutschland. Überwintert gern in Baumstrunken unter Moos.

**Fig. 15.** Gittriger Laufk., C. cancellatus Ill. Fühler mit rotem Wurzelglied. Flügeldecken rötlich oder bronzefarben mit drei Längsrippen und länglichen Körnern. Überall gemein.

## Tafel II.

**Fig. 1.** Körniger Laufk., C. granulatus L. Wie der vorige, doch meist kleiner und mit ganz schwarzen Fühlern. Ebenso häufig.

**Fig. 2.** Goldlaufk., Goldschmied, Gärtner, Feuerstehler, C. auratus L. Zwischenräume der grünen Längsrippen fast glatt. Im westlichen Deutschland, besonders in Gärten. Fehlt z. B. schon in Regensburg und Wien.

**Fig. 3.** Goldglänzender Laufk., C. auronitens Fab. Zwischenräume der schwarzen Längsrippen runzlig punktiert. Erstes Fühlerglied rot. Halsschild meist goldglänzend. In Gebirgsgegenden nicht selten, öfters in faulen Stöcken.

**Fig. 4.** Glänzender Laufk., C. nitens L. Die kleinste Art. In Süddeutschland, selten in Moorgegenden, häufiger in Norddeutschland.

**Fig. 5.** Violetter Laufk., C. violaceus L. Flügeldecken mit blauem oder violettem Rand. Nicht selten in Wäldern unter

Steinen und Moos, besonders in Ostdeutschland. Bildet viel Lokalabänderungen. C. marginalis Fab. mit goldgrünem Rand, kommt in Preußen vielfach vor.

**Fig. 6.** Glatter Laufk., C. glabratus Payk. Stark gewölbt mit matten bläulichen Rändern der Flügeldecken. Süd- und Nordost-Deutschland; nicht häufig auf Waldwiesen.

**Fig. 7.** Feldlaufk., C. arvensis Fab. Flügeldecken kupferrot, grünlich, violett oder fast schwarz mit erhabenen Körnern. Überall in Waldungen und sandigen Feldern.

**Fig. 8.** Hain-Laufk., C. nemoralis Müll. Flügeldecken mit drei Reihen metallischer Grübchen. Überall gemein, an Waldrändern unter Moos und Blättern.

**Fig. 9.** Gewölbter Laufk., C. convexus Fab. Fast schwarz, aber viel kleiner als glabratus. Nicht häufig in Bergwäldern.

**Fig. 10.** Garten-Laufk., C. hortensis L. Mit drei Reihen goldglänzender Grübchen auf den Flügeldecken. Nicht häufig, besonders in Ostdeutschland.

**Fig. 11.** Wald-Laufk., C. sylvestris Fab. Von der Größe und Farbe des **arvensis**, nur mit Punktreihen statt Körnern auf den Flügeldecken.

**Fig. 12.** Unregelmäßiger Laufk., C. **irregularis** Fab. Flügeldecken flach mit drei Reihen tiefer Grübchen. In höheren Gebirgen in Baumstumpen.

**Fig. 13.** Blauer Laufk., C. intricatus L. Lang gestreckt, ziemlich flach mit grobrunzligen Flügeldecken. Überall nicht selten.

## Tafel III.

**Fig. 1.** Knoten-Laufk., C. nodulusus Creutz. Die nie zu verkennende Art bewohnt die Mittelgebirge, aber nicht überall. Sie liebt nasse, sumpfige, entwaldete Stellen, besonders sehr feuchte Moosflächen, und watet selbst fußtief unter das Wasser.

### Schön-Laufkäfer, Calosoma Weber.

Ausgezeichnet durch Größe und quadratische oder länglich-viereckige Form der Flügeldecken. Oberlippe ausgerandet, Oberkiefer auf ihrer Oberfläche quer gestrichelt. Leben in Wäldern, rauben andere Insekten und sind deshalb sehr nützlich.

**Fig 2.** Puppenräuber, C. sycophanta L. Nicht selten in Fichten- und Eichenwaldungen. Erklettert Bäume, um Larven und Puppen zu rauben, und wird oft in größerer Anzahl in den Nestern des Prozessionsspinners aufgefunden. Um ihn aus diesen zu holen, stellt man sich gegen den Wind, damit die Haare dieser Raupen nicht so leicht an die Haut kommen, weil sie sonst ein unerträgliches Jucken verursachen.

**Fig. 3.** Raupenjäger, Kupferbraun, C. inquisitor L. Dunkelkupferbraun, selten schwärzlich oder bläulich. Auf Obstbäumen, besonders in Eichenwaldungen nicht selten.

## Bart-Laufkäfer, Leistus Fröhl.

Oberlippe quer, vorn abgerundet, Unterkiefer am Außenrande gezähnt mit langen, beweglichen Borsten. Erstes Fühlerglied bei weitem das größte. Mittelgroße Arten in Gebirgsgegenden unter Steinen.

**Fig. 4.** Brauner Bart-Laufk., L. ferrugineus L. Flügeldecken und Beine braun. Nicht selten in ganz Deutschland an feuchten Plätzen.

**Fig. 5.** Schwarzblauer Bart-Laufk., L. spini barbis F. Flügeldecken schwärzlich blau, sehr glänzend. Fühler und Beine hell braunrot. Mittel- und Süddeutschland unter Steinen und Rinden.

## Damm-Laufkäfer, Nebria Latr.

Oberlippe gerade abgestutzt. Unterkiefer einfach, Ausrandung des Kiefers mit kleinem doppelten Zahn. Drittes Fühlerglied so lang oder länger als das erste. In Gebirgsgegenden, am Rande von Bächen und an den Ufern der Flüsse und Landseen.

**Fig. 6.** Kurzhalsiger Damm-Laufk., N. brevicollis F. Flügeldecken schwarz, gekerbt gestreift, der dritte Streifen mit vier größeren Punkten. Gemein unter Steinen. Von den anderen zehn deutschen, meist in den Alpen vorkommenden Arten ist N. livida L.

durch Größe und gelbe Farbe ausgezeichnet, welche auch im Flachlande vorkommt.

N. picicornis F., schwarz mit gelbbraunen Fühlern und Beinen. Mittel- und Süddeutschland.

## Spritz-Laufkäfer, Clivina Latr.

Langgestreckte kleine Käfer mit gezähnten Vorderschienen; die zwei ersten Fühlerglieder sind platt.

**Fig. 7.** Grab-Spritzlaufk., C. fossor L. Fühler und Beine rot. Halsschild fast viereckig. In feuchten, sandigen Stellen unter Steinen häufig.

## Kurz-Laufkäfer, Brachinus Weber.

Körper länglich eirund mit langem roten Halsschilde. Leben gesellig unter Steinen, verfolgt spritzen sie mit einem hörbaren Knall eine dunstförmige ätzende Flüssigkeit aus.

**Fig. 8.** Bombardier-Käfer, B. crepitans L. Drittes und viertes Fühlerglied schwarz, unterscheidet sich von dem kleineren B. explodens Duft. durch fein punktierte Flügeldecken, während letzterer runzlig punktierte, kaum gestreifte besitzt. Beide Arten häufig unter Steinen, Erdschollen u. dergl.

## Prunk-Laufkäfer, Lebia Latr.

Länglich eirund mit herzförmigem Halsschild. Kleine, meist schön gefärbte Arten, welche unter Steinen und auf Gesträuchern vorkommen.

**Fig. 9.** Blauköpfiger Prunklaufk., L. chlorocephala E. H. Flügeldecken mit deutlich punktierten Zwischenräumen, während die sehr ähnliche cyanocephala L. kaum punktierte Zwischenräume und schwarze Schenkelspitzen hat. Hier und da unter Steinen.

L. crux minor L., kleiner als die vorigen, Flügeldecken rötlichgelb mit einem schwarzen Kreuze. Selten.

L. haemorrhoidalis Fab., die kleinste Art, Flügeldecken schwarz mit roter Spitze. Auf Gesträuchen, selten.

## Nacht-Laufkäfer, Cymindis Latr.

Flach, dem Brachinus ähnlich, mit breiterem Halsschild. Unter Steinen an Waldrändern.

**Fig. 10.** Gelbschulteriger Nachtlaufk., C. humeralis Fab. Flügeldecken stark gestreift mit gelber Schultermakel. Überwintert und findet sich unter Steinen ziemlich häufig, doch äußerst selten gemeinschaftlich.

## Krummhorn-Laufkäfer, Loricera Latr.

Gedrungener als Cymindis, erstes Fühlerglied lang und wie die sechs folgenden mit langen borstenförmigen Haaren besetzt. Nicht häufig unter feuchtem Laub und an Teichen.

**Fig. 11.** Brauner Krummhorn-Laufk., L. pilicornis Fab. Grünerzfarben, mit punktiert gestreiften Flügeldecken. Nicht selten an feuchten Plätzen.

## Scheu-Laufkäfer, Panagaeus Latr.

Halsschild rund, Flügeldecken breiter als bei der vorigen Gattung. Überall an sandigen Stellen, unter Moos an Rainen, überwintert.

**Fig. 12.** Kreuz-Scheulaufk., P. crux major L. Manchmal ist die schwarze Querbinde in drei runde Flecken aufgelöst. Var. trimaculatus Dg. Häufig unter Steinen und Moos.

P. quadripustulatus Sturm, wie der vorige, nur sind die zwei hinteren gelben Flecken überall schwarz eingefaßt. Seltener.

## Samt-Laufkäfer, Chlaenius Bon.

Mittelgroße Arten mit mehr oder weniger breitem Halsschild und fadenförmigen Fühlern, deren drittes Glied länger als die folgenden ist. Unter Moos und Steinen an Gewässern.

**Fig. 13.** Grüner Samt-Laufk., Ch. Schranki Duft. Halsschild grün, gold- oder kupferglänzend. Beine rostrot. An feuchten Stellen in Wiesen und am Ufer von Gewässern; tibialis Dg ebenso, nur mit schwarzen Schenkeln, selten; nigricornis F. wie die vorigen, doch ist nur das erste Glied der Fühler rostrot, alle übrigen schwarz. Häufig.

**Fig. 14.** Geschmückter Samt-Laufk., Ch. vestitus Fab. Flügeldecken mit erweitertem gelbem Saum. Häufig. Ch. agrorum Ol. mit gleichbreitem Saum, etwas seltener.

## List-Laufkäfer, Poecilus Bon.

Das erste Fühlerglied seitlich so zusammengedrückt, daß oben eine scharfe Kante gebildet wird. Unter Steinen.

**Fig. 15.** Kupferfarbener Listlaufk., P. cupreus L. Flügeldecken metallisch grün, kupferrot, blau, grünlich oder bläulich-schwarz. Erstes Fühlerglied rotbraun. Überall sehr häufig. P. lepidus Fab. ebenso, ungeflügelt, mit ganz schwarzen Fühlern. P. dimidiatus Ol., Flügeldecken punktiert gestreift, Fühlerwurzel rotbraun. Beide häufig unter Steinen.

## Raub-Laufkäfer, Omaseus Ziegl.

Schwarze, mittelgroße Käfer, deren erstes Fühlerglied vollkommen abgerundet ist. Zum Teil geflügelt oder nicht geflügelt. Flügeldecken länglich und wenig gewölbt. An Wegen und unter Steinen.

**Fig. 16.** Gemeiner Raub-Laufk., O. vulgaris L. Halsschild stumpf, mit einer runzligen Grube und zwei tiefen Längseindrücken. Sehr häufig. O. nigrita F., viel kleiner, Flügeldecken gefurcht mit drei eingestochenen Punkten. Häufig.

## Gier-Laufkäfer, Sphodrus Clairv.

Körper länglich-eiförmig. Die Fühler, halb so lang als der Körper, sind vom vierten Glied an mit einem dünnen Haarüberzug bekleidet. Sie leben in Waldungen an feuchten Stellen und unter Steinen, kommen aber auch in Häusern und Kellern vor.

**Fig. 17.** Flacher Gierkäfer, Sph. leucophthalmus L. Flügeldecken zart punktiert-gestreift. An feuchten Orten unter Steinen und abgefallenem Laub; in Häusern im Kehricht und Kellern. An denselben Orten trifft man auch die kleinere Art. Sph. (Pristonychus) subterraneus Dahl.

## Finster-Laufkäfer, Steropus Ziegl.

Wie die vorige Gattung, doch ist das Halsschild hinten mehr abgerundet. Ebenfalls unter Steinen und Wegen.

**Fig. 18.** Gefälliger Finsterlaufk., St. madidus Fab. Flügeldecken mit drei eingestochenen Punkten. Nicht überall, unter Steinen. St. aethiops Ill. Wie voriger, nur mit einer tief ausgehöhlten Grube in den Hinterecken des Halsschildes. Selten.

## After-Laufkäfer, Pterostichus Bon.

Ungeflügelte schwarze Käfer von Mittelgröße, deren Halsschild schmäler am Hinterrand als am Vorderrand ist. Ebenso unter Steinen, besonders in Gebirgsgegenden.

**Fig. 19.** Schwarzer After-Laufk., Pt. niger Fab. Flügeldecken ohne Punkte in den Zwischenräumen. Häufig unter Steinen.

Wenig punktierter After-Laufk., Pt. parumpunctatus Germ. Flügeldecken mit metallischem Schein, eiförmig tief gestreift mit drei Punkten im dritten Zwischenraum. Auf Bergen unter Steinen.

**Fig. 21.** Glänzender After-Laufk., Pt. metallicus Fab. Durch seine kupferglänzenden Flügeldecken leicht zu erkennen. In Gebirgsgegenden häufig.

## Kiel-Laufkäfer, Abax Bon.

Ziemlich große, schwarze Käfer mit sehr breitem Halsschilde und gedrungener Gestalt. Auch unter Steinen und Moos.

**Fig. 20.** Gestreifter Kiel-Laufk., A. striola Fab. Halsschild in der Mitte am breitesten mit zwei tiefen Längseindrücken. In Gebirgsgegenden häufig. A. ovalis Fab., kurz eiförmig, viel kleiner als die vorige. A. parallela Duft., mit fein punktierten Flügeldecken, länger gestreckt als voriger. Beide Arten unter Steinen häufig.

## Striemen-Laufkäfer, Molops Ziegl.

Wie die vorigen Gattungen, doch die Flügeldecken ziemlich gewölbt. Halsschild mehr abgerundet. Lebensweise wie bei Pterostichus.

**Fig. 22.** Erdstriemen-Laufk., M. terricola Fab. Halsschild herzförmig, Flügeldecken glatt gefurcht. Überall häufig. M. elata Fab., fast doppelt so groß als der vorige, mit tiefen Nahtstreifen in den Flügeldecken. Nicht viel seltener.

## Rücken-Laufkäfer, Zabrus Clairv.

Durch die dicke, fast walzenförmige Gestalt, von allen verwandten Gattungen leicht kenntlich. Auf Feldern.

**Fig. 23.** Getreide-Laufkäfer, Z. gibbus Fab. Der bucklige schwarze Käfer erscheint oft in großer Menge auf den Feldern und soll von den Körnern des Getreides leben, während die Larven die Wurzeln und Triebe angreifen sollen. Da sonst alle übrigen Laufkäfer durch Vertilgen von anderen Insekten nützlich sind, so wäre dies die einzige Ausnahme.

## Ungleichfüßiger Laufkäfer, Anisodactylus Dg.

Gestalt gedrungen, flach, Vorderfüße der Männchen mit vier erweiterten Gliedern. Unter Steinen.

Doppeltgezeichneter Laufk., A. binotatus Fab. Schwarzglänzend mit tief gefurchten Flügeldecken und fast viereckigem Halsschilde. Füße entweder rostrot oder schwarz. Fühlerwurzel rostrot. 10—12 mm lang. Häufig unter Steinen, auch fliegt er in den ersten warmen Frühlingstagen oft häufig auf Äckern herum.

Herumschweifender Laufk., A. nemorivagus Duft. Kleiner als der vorige, mit seichten gefurchten Flügeldecken und minderem Glanz der Oberseite. Nirgends selten, doch werden diese Arten sehr oft mit der Gattung Calathus verwechselt, welche aber walzenförmige Endglieder der Taster besitzt, während Anisodactylus spindelförmige hat.

## Kanalkäfer, Amara Bon.

Wie die vorige Gattung. Endglieder der Kiefertaster eiförmig. Viele schwer zu unterscheidende Arten, welche unter Steinen und im abgefallenen Laub vorkommen.

**Fig. 25.** Sehr gemeiner Kanalk., A. communis Ill. Die ersten drei Fühlerglieder und die Wurzel des vierten, sowie die Schienen rot. Flügeldecken einfach gestreift, 8 mm lang. Überall sehr häufig.

Ordinärer Kanallaufk., A. aulica Ill. Halsschild nach hinten verengt mit rotbraunen Fühlern und Beinen. Halsschild mit zwei seichten Eindrücken, 12 mm lang. Nicht selten.

Gewöhnlicher Kanalk., A. plepeja Gyll. Vorderrand des Halsschildes ausgeschnitten, Fühler bräunlich, die ersten drei Glieder und die Schienen gelbrot, 7 mm lang. Häufig unter Steinen.

Dunkler Kanalk., A. obsoleta Dg. Oval, Oberseite erzfarbig, die ersten drei Fühlerglieder rot. Halsschild nur mit einem seichten Eindruck, 9 mm lang. Sehr häufig.

Zugespitzter Kanalk., A. acuminata Payk. Wie der vorige, nur sind die Flügeldecken hinten etwas zugespitzt, fein gestreift, 10 mm lang. Überall.

Feingestreifter Kanalk., A. trivialis Gyll. Die ersten drei Fühlerglieder und die Schenkel gelbrot. Flügeldecken fein gestreift. 7 mm lang. Überall häufig.

Gemeiner Kanalk., A. vulgaris Dg. Die Streifen der Flügeldecken nach der Mitte tiefer. Fühler schwarz, erstes Glied und oft auch das zweite unten rot. Beine ganz schwarz. 7—8 mm lang. Überall, aber nicht häufig.

Geselliger Kanalk., A. familiaris Duft. Länglich eiförmig. Oberseite grünlich erzfarben, die drei ersten Fühlerglieder und die Wurzel des vierten, sowie die Beine rotbraun. Flügeldecken mit schwach punktierten Streifen. 7—8 mm lang. Sehr häufig.

## Platt-Laufkäfer, Anchomenus Er. (Platynus Bon.)

Flache, nicht sehr große Arten, oft schön gefärbt, mit abgestutzter Oberlippe und einfachen Klauen. Unter Steinen, in faulem Holz, unter abgefallenem Laub.

**Fig. 26.** Sechspunktierter Platt-Laufkäfer, A. sexpunctatus L. Die goldroten Flügeldecken mit einer Reihe von fünf bis sechs eingestochenen Punkten. An feuchten Plätzen nicht selten.

Östreichischer Platt=Laufk., A. austriacus Fab. Von der Größe des vorigen mit rotgoldenem Halsschild und grünen Flügeldecken. Seltener und weniger verbreitet.

Grünlicher Platt=Laufk., A. prasinus Fab. Viel kleiner, Flügeldecken braun, hinten mit einem grünlichen Fleck. Sehr häufig.

Weißfüßiger Platt=Laufk., A. albipes Fab. Größer, geflügelt, ganz schwarz, Fühler und Beine blaß ockergelb. 8 mm lang. Überall häufig.

**Fig. 24.** Schmalhalsiger Platt=Laufk., A. angusticollis Fab. (junceus Scop). Schwarz, fast doppelt so groß, mit pechbraunen Fühlern und Beinen. Überall nicht selten.

Gerandeter Platt=Laufk., A. marginatus L. Oberseite lebhaft grün. Flügeldecken weiß eingefaßt. 10 mm lang. An Fluß= und Seeufern.

Dunkler Platt=Laufk., A. viduus Pz. Oben dunkel erzgrün. Beine und Füße schwarz. Etwas kleiner als voriger. Häufig.

## Weg-Laufkäfer, Harpalus Latr.

Meist dunkel gefärbte, mittelgroße Käfer mit ebenso großem Halsschild als der Körper. Unter Steinen, auf Wegen, besonders in Gebirgsgegenden.

Blauer Weg=Laufk., H. azureus F. Oben blau oder grün, unten pechbraun mit roten Beinen und Füßen. Gemein überall.

Sand=Laufkäfer, H. sabulicola Pz. Mehr als doppelt so groß als der vorige. Halsschild dicht punktiert und mit rotbraunen Beinen. Sehr ähnlich, nur etwas kleiner, ist H. obscurus Fab., beide in Gebirgsgegenden nicht selten.

**Fig. 28.** Rotfühleriger Weg=Laufk., H. ruficornis Fab., Halsschild nur am Vorder= und Hinterrand punktiert. Fühler dicht goldgelb behaart. Gemein.

**Fig. 27.** Erzfarbener Weg=Laufk., H. aeneus Fab. Grün, blau, kupferrot oder schwärzlich, Fühler und Beine rot. Halsschild mit stumpfen Ecken. Größer als azureus, aber ebenso verbreitet und häufig.

## Zier-Laufkäfer, Callistus Bon.

Halsschild fast herzförmig, Fühler fadenförmig, unbehaart. Einzige, schön gefärbte Art, welche unter Steinen nicht selten vorkommt.

**Fig. 29.** Mondförmiger Zierlaufk. C. lunatus Fab. Halsschild rot, Flügeldecken gelb, je mit drei schwarzen Flecken. Nicht selten.

## Ahlen-Laufkäfer, Bembidium Latr.

Kleine zierliche Arten mit meist länglichem Halsschilde und vielfach schön gezeichneten Flügeldecken. Unter Steinen, auf Wiesen, häufig im feuchten Sande, unter Schilf und abgefallenem Laub.

Vierfleckiger Ahlenlaufk., B. quadrimaculatum Pz. Schwarz, glänzend, mit schwarzen Fühlern, gelber Fühlerwurzel und Beinen. 4 mm lang. Häufig.

Gegliederter Ahlenlaufk., B. articulatum Pz. Metallisch grün, Fühlerwurzel und Beine gelb. Flügeldecken vorne gelbbraun, hinten braun mit einem gelben Flecken. Größe wie die vorige. Am Ufer der Flüsse und Weiher, häufig.

Erzfarbener Ahlenlaufk., B. lampros Hbst. Flügeldecken glänzend erzfarben, gestreift; Fühlerwurzel und Beine rot. Halsschild kurz herzförmig. 4 mm lang. In ganz Deutschland häufig.

Bescheidener Ahlenlaufk., B. modestum Fab. Metallisch schwarz, glänzend, die Fühlerwurzel, die Beine und eine breite Querbinde vor der Spitze der Flügeldecken gelbrot. 5 mm lang. Unter Steinen an Flüssen nicht selten.

Dunkler Ahlenlaufk., B. decorum Pz. Flügeldecken länglich, grünlich blau mit sieben stark punktierten Streifen. Fühlerwurzel und Beine rotgelb. 5 mm lang. An denselben Orten häufig.

Gelbfüßiger Ahlenlaufk., B. (Tachypus) flavipes L. Kupferglänzend mit grünen Makeln, Fühlerwurzel, Taster und Beine ganz gelbbraun. 5 mm lang. Häufig.

**Fig. 30.** Zweipunktiger Ahlenlaufk., B. biguttatum Fab. Fühlerwurzel, Beine, ein runder Flecken und meist auch die Spitze der Flügeldecken rotgelb. Nicht selten.

Vierpunktiger Ahlenlaufk., B. quadriguttatum Fab. Schwarz. Flügeldecken mit zwei blaßgelben Makeln. Fühlerwurzel und Beine rötlich gelbbraun. 5 mm lang. Häufig.

## 3. Familie. Schwimmkäfer, Dytiscidae.

Fühler zehn- oder elfgliedrig, borsten- oder fadenförmig, Körper mehr eirund, Halsschild breiter als lang. Hinterfüße flach ruderartig mit Borsten bewimpert. Die Vorderfüße der Männer haben bei den großen Arten kleine Saugnäpfe, welche zum Halten an glatten Flächen dienen. Mehr in stehenden als in fließenden Gewässern.

## Tafel IV.

### Schienen-Schwimmkäfer, Haliplus Latr.

Kleine, 3—4 mm lange, länglich-eiförmige Arten, dick und unten stark gewölbt. Halsschild am Hinterrand in der Mitte in eine Spitze verlängert. In stehenden Gewässern.

Gelbhalsiger Schienenschwimmk., H. flavicollis Sturm. Blaß gelbbraun, Flügeldecken mit dunkleren Punktstreifen. Überall in Deutschland.

Rothalsiger Schienenschwimmk., H. ruficollis D. G. Kurz eiförmig, gelbbraun, Halsschild am Grunde beiderseits mit einem tief eingegrabenen Längsstrichelchen. Häufig in stehenden Gewässern.

### Ruder-Schwimmkäfer, Hyphydrus Jll.

Körper kugelig-eiförmig, oben und unten stark gewölbt. Hinterfüße mit zwei ungleichen Klauen. In stehenden Gewässern.

**Fig. 1.** Eirunder Ruderschwimmk., H. ovatus L. Rostrot, die Flügeldecken dunkler, oft schwärzlich. Doppelt so groß als die vorigen. Häufig in Wasserlöchern und stehenden Gräben.

## Schlamm-Schwimmkäfer, Hydroporus Clairv.

Körper länglich-eiförmig. Hinterfüße fadenförmig. Viele kleine Arten, welche teils in fließendem und teils in stehendem Wasser vorkommen.

Ungleicher Schlammschwimmk., H. inaequalis F. Rostgelb, überall dicht und stark punktiert. Vorder- und Hinterrand des Halsschildes schwarz. 3 mm lang. In allen stehenden Gewässern.

Schwarzfüßiger Schlammschwimmk., H. picipes Fab. 5 mm lang. Oberseite und Beine dunkel rotgelb. Halsschild hinten schwarz. Flügeldecken mit dunkelbraunem Seitenrand.
und Pfützen überall.

Flacher Schlammschwimmk., H. planus Fab. ..-o, ziemlich flach, Kopf vorn und hinten rotbraun, Flügeldecken, jede mit fünf Reihen gröberer Punkte, dunkelbraun. 6 mm. In Weihern und Gräben häufig.

**Fig. 2.** Sumpf-Schlammschwimmk., H. palustris L. Flügeldecken schwarzbraun, Halsschild an der Seite rotbraun. Vorderbrust und Beine rostrot. 4—5 mm. Ueberall in stehenden Gewässern häufig.

## Teich-Schwimmkäfer, Laccophilus Leach.

Körper eiförmig, flach gewölbt. Schildchen nicht sichtbar. Fühler dünn, fadenförmig. In stehenden klaren Wassern, wo sie in beständiger Unruhe hart am Boden herum schwimmen.

Kleiner Teichschwimmk., L. minutus L. 4—5 mm lang. Flügeldecken dunkelbraun mit vier größeren und zwei kleineren Fleckchen. Überall häufig.

## Ritzen-Schwimmkäfer, Colymbetes Clairv.

Schildchen deutlich. Fortsatz der Vorderbrust hinten spitzig. Vorderfüße der Männchen erweitert. In Teichen und Weihern.

**Fig. 3.** Brauner Ritzenschwimmk., C. (Cymatopterus) fuscus L. Die größte Art. Unterseite schwarz mit braunen Beinen. Überall häufig.

Bestäubter Ritzenschwimmk., C. (Rhantus) pulverosus St. Um die Hälfte kleiner als voriger, flach. Flügeldecken braungelb mit schwarzen Punkten gesprenkelt. Die Unterseite ganz schwarz.

**Fig. 4.** Bezeichneter Ritzenschwimmk., Rh. notatus Fab., ebenso, doch die Vorderbrust auf der Unterseite gelb. Beide häufig in stehendem Wasser.

## Eisschwimmkäfer, Jllibius Erich.

Wie bei der vorigen Gattung, nur ist das letzte und vorletzte Glied der Lippentaster fast gleich lang. Mittelgroße, ziemlich gewölbte Käfer, welche in Quellwasser und im stehenden Wasser vorkommen.

**Fig. 5.** Schwarzer Eisschwimmk., J. fuliginosus Fab. Halsschild und Flügeldecken erzfarben mit gleich breitem, gelbbraunem Saume, während J. fenestratus Fab. nur mäßig gewölbt ist und der Saum nach hinten schmäler wird. Beide, 10 mm lang, kommen überall in Gräben und Teichen vor.

## Glanzschwimmkäfer, Agabus Leach.

Fortsätze der Vorderbrust zugespitzt, Schildchen deutlich, Hinterfüße mit zwei gleichen beweglichen Klauen. Flache, meist braune Käfer, von mittlerer Größe. Mehr in fließenden Gewässern, öfters gesellig im Winter unter Moos oder Baumwurzeln.

**Fig. 6.** Zweipunktiger Glanzschwimmk., A. bipustulatus L. Eiförmig. Stirne mit zwei Punkten. Überall häufig.

Erzfarbener Glanzschwimmk., A. chalconotus Pz. Kleiner wie der vorige, schwärzlich-erzfarben. Umgeschlagener Rand der Flügeldecken und Beine braunrot. In ganz Deutschland.

Gefleckter Glanzschwimmk., A. maculatus L. 8 mm. Eiförmig, Flügeldecken gelb mit braunen Flecken und roströtlichen Beinen. Nicht selten.

## Gauklerschwimmkäfer, Cybister Curt. (Trogus Leach.)

Körper breit, verkehrt eiförmig. Fortsatz der Vorderbrust gegen die Hinterbrust spitz. Vorderfüße des Männchens zu einer länglichen Scheibe erweitert. Im stehenden Wasser.

**Fig. 7.** Grünlicher Gauklerschwimmk., C. Röselii Bergst. Halsschild und Flügeldecken beim Männchen glatt, beim Weibchen nadelrissig. Fast in ganz Deutschland, aber nur in größeren stehenden Fischwassern.

## Tauchschwimmkäfer, Dytiscus Thms.

Länglich eiförmig. Die drei ersten Glieder der Männchen in ein rundes Schälchen erweitert. Flügeldecken der Weibchen meist gefurcht. In stehendem Wasser.

**Fig. 8.** Männchen. **Fig. 9.** Weibchen. Gesäumter Tauchschwimmk., Gelbrand. D. marginalis L. Fortsatz der Hinterbrust stumpf spitzig. In Teichen und stehenden Gewässern häufig.

**Fig. 10.** Breitester Tauchschwimmk., D. latissimus L. Flügeldecken mit sehr stark erweitertem Seitenrande. Nur in größeren Fischteichen, nicht überall.

**Fig. 11.** Gerandeter Tauchschwimmk., D. circumcinctus Ahr. Dem vorigen sehr ähnlich. Der Fortsatz an der Hinterbrust schmal und scharf zugespitzt. In Weihern, selten.

Eingesäumter Tauchschwimmk., D. circumflexus Fab. Ebenso, nur hat das Weibchen glatte Flügeldecken, das Schildchen ist rostrot und der Fortsatz der Hinterbrust ist schmal und scharf. In Gräben und Weihern, selten.

**Fig. 12.** Punktierter Tauchschwimmk., D. punctatus Fab. Hinterbrust nach hinten in zwei stumpfe und abgerundete Lappen verlängert. Nur in fließendem Gewässer, besonders im Gebirge.

## Lachenschwimmkäfer, Acilius Leach.

Körper eiförmig flach gewölbt; Fortsatz der Vorderbrust an der Spitze abgerundet. Vorderfüße der Männchen scheibenförmig erweitert. In allen stehenden Gewässern.

**Fig. 13.** Gefurchter Lachenschwimmk., A. sulcatus L. Kurz eiförmig. Flügeldecken der Weibchen mit vier breiten behaarten Furchen. Sehr häufig in Lachen und kleinen Teichen.

### Pfützenschwimmkäfer, Hydaticus Leach.

Flach gewölbt länglich-eiförmig. Vorderbrustfortsatz an der Spitze abgerundet. Männchen mit ziemlich gleich großen Saugschälchen. Flügeldecken der Weibchen nicht gefurcht. Mittelgroße Käfer, welche in Gräben, Sümpfen und stehenden Gewässern vorkommen.

Österreichischer Pfützenschwimmk., H. austriacus St. Mäßig gewölbt. 13 mm lang. Flügeldecken braun und gelb gesprenkelt. Halsschild am Vorder- und Hinterrand schwarz. Mittelfüße der Männer ohne Saugnäpfchen. In stehenden Gewässern, selten.

Gerandeter Pfützenschwimmk., H. transversalis Fab. Ebenso groß und der vorigen Art ähnlich, die Mittelfüße des Männchens mit drei, in eine längliche Scheibe erweiterten, unten mit Saugnäpfchen besetzten Gliedern. Überall.

## 4. Familie. Drehkäfer, Gyrinidae.

Kleinere, glänzende Käferchen mit vier Augen, zwei an der Oberseite und zwei an der Unterseite. Fühler mit einem großen Grundglied, die übrigen Glieder in Form einer kleinen spindelförmigen Keule. Artenarme Familie mit zwölf schwer zu unterscheidenden Arten.

### Taumelkäfer, Gyrinus L.

Flügeldecken mit Punktstreifen. Schwimmen meist gesellig in drehender Bewegung auf der Oberfläche stehender oder langsam fließender Gewässer und nehmen, wenn sie in die Tiefe tauchen, am Hinterrande des Körpers eine Luftblase mit sich.

**Fig. 14.** Schwimmer. G. natator Fab. Unten erzfarben, Beine braunrot; häufig nebst dem viel kleineren G. minutus Fab.

### Flußschwimmkäfer, Orectochilus Lacord.

Flügeldecken ohne Punktreihen. Nur in fließenden Gewässern, teils unter Steinen und Pflanzen, teils auf dem Wasserspiegel.

**Fig. 15.** Behaarter Flußschwimmk., O. villosus Fab. Länglich gewölbt, oben grün glänzend. Unterseite rostrot. Beinahe in ganz Deutschland, aber selten.

## 5. Familie. Wasserkäfer, Hydrophilidae.

Körper eirund oder rundlich. Fühler keulenförmig mit deutlich abgesetztem Knopfe, nicht länger als der Kopf. Hinterbeine breitgedrückt, bewimpert. Leben in stehenden Gewässern, schwimmen nicht rudernd, sondern bewegen die Beine abwechselnd und kommen von Zeit zu Zeit der Atmung wegen an die Oberfläche des Wassers. Durch starkes Umwühlen des Bodens in den Fischteichen sind die Käfer leicht an die Oberfläche des Wassers zu bringen und mit dem Netz zu fangen.

### Schwimmtastkäfer, Hydrophilus Fab.

Fühler neungliedrig, das zweite Glied kegelförmig. Spitze der Hinterbrust über die Hinterhüften weit hinausragend. Sehr große glatte Käfer, welche sich in allen stehenden Gewässern fast das ganze Jahr herumtreiben.

**Fig. 16.** Schwarzer Schwimmtastk., **H. piceus L.** Flügeldecken mit einem spitzen Zähnchen. Brustkiel vorn tief gefurcht. Seine Larve nährt sich von Wasserpflanzen, die Käfer von Wasserinsekten und Fischrogen. Die Eier sind in ein silberglänzendes Gespinnst gehüllt, das mit einer Röhre versehen auf dem Wasser schwimmt. In ganz Deutschland. **H. aterrimus Esch.** ebenso groß, kommt in manchen Gegenden sogar häufiger vor als voriger, hat kein Zähnchen an den Flügeldecken und keinen gefurchten Brustkiel.

### Teichtastkäfer, Hydrobius Leach.

Körper eiförmig oder länglich. Hinterfüße kaum zusammengedrückt; das letzte Glied der Kiefertaster länger als das vorletzte. In stehenden Wassern an Wurzeln von Wasserpflanzen.

**Fig. 17.** Großer Teichtastk., H. (Hydrous) **caraboides Fab.** Gewölbt, schwarz. Hinterfüße stark zusammengepreßt und bewimpert. Überall in stehenden Wassern sehr häufig.

**Fig. 18.** Braunfüßiger Teichtastk., **H. fuscipes L.** Mäßig gewölbt, schwarz oder pechbraun. Flügeldecken gekerbt-gestreift mit einer Reihe größerer Punkte. 8 mm lang, häufig.

Runder Teichtastk., H. globulus Payk. Nur 3—4 mm lang. Braun, Flügeldecken verworren und etwas deutlicher punktiert, als Kopf und Halsschild. Nicht selten.

## Taumeltastkäfer, Philhydrus Sol.

Körper länglich-eiförmig. Fühler neungliedrig, zweites Glied kegelförmig. Nur die Mittelbrust gekielt. Hinterfüße kaum zusammengedrückt. In stehendem Wasser.

**Fig. 19.** Brauner Taumeltastk., Ph. lividus Forst. Mäßig gewölbt. Braungelb. Flügeldecken ohne eingedrückte Nahtstreifen. Sehr häufig.

## Weihertastkäfer, Laccobius Erich.

Körper klein, fast halbkugelförmig. Fühler achtgliedrig mit länglich dreigliedriger Keule. Hinterfüße oben mit einer Reihe von Schwimmhaaren besetzt. In stehendem Wasser, an den Wurzeln der am Rande stehenden Wasserpflanzen.

Kleiner Weihertastk., L. minutus L. Nur 3—4 mm lang. Flügeldecken graugelb, schwarz gesprenkelt, engpunktiert, gestreift. Überall häufig.

## Sumpftastkäfer, Berosus Leach.

Körper länglich-eiförmig, Flügeldecken tief punktiert, gestreift. Schienen und Füße der Hinterbeine bewimpert. In stehendem Wasser an Pflanzenwurzeln.

Blaßgelber Sumpftastk., B. luridus L. Hochgewölbt, schmutzig-braungelb, Flügeldecken gewöhnlich mit dunkleren Flecken und einfacher Spitze. 4—5 mm lang. In Pfützen häufig.

## Runzeltastkäfer, Helophorus Fab.

Meist kleine länglichrunde Käfer mit neungliedrigen Fühlern, von denen die drei letzten Glieder vergrößert sind. Halsschild mit fünf Längsfurchen. Am Rande stehender Gewässer.

**Fig. 20.** Wasser=Runzeltastk., H. aquaticus L. Flügeldecken tief punktiert, gestreift, dunkelbraungelb, metallisch=glänzend. Größe sehr verschieden. Überall.

Gekörnter Runzeltastk., H. granularis L. Nur 2 mm lang. Braungelb mit undeutlichen schwarzen Flecken, ein dunkles Fleckchen hinter der Mitte der Naht deutlich. Gemein.

## Ufertastkäfer, Ochthebius Leach.

Halsschild nach hinten verengt. Fühler mit fünfgliedriger Keule. Das erste Glied der Lippentaster sehr kurz, die beiden folgenden von gleicher Länge. Am Rande stehender Gewässer und Bäche unter Steinen und angeschwemmtem Reisig.

Kleiner Ufertastk., O. pygmaeus Fab. Nur $1^{1}/_{2}$ mm lang, eiförmig flach gewölbt, hell pechbraun. Halsschild überall, Flügeldecken regelmäßig punktiert=gestreift. Nicht überall.

## Zwergtastkäfer, Hydraena Kugel.

Ganz kleine Arten von länglicher Gestalt, mit achteckigem Halsschild, jederseits mit einem gebogenen Längseindruck versehen. Flügeldecken länger als breit. Unter Wassergewächsen und Steinen.

Zierlicher Zwergtastk., H. gracilis Germ. Etwas gewölbt, schwarz. Fühler, Taster und Beine hellrot. Flügeldecken dunkel rötlich braun, kaum breiter als das Halsschild, jede mit sechs Reihen tiefer, nicht dichter Punkte. 1—2 mm lang. Selten.

## Kugeltastkäfer, Cyclonotum.

Körper halbkugelförmig. Flügeldecken hinten einzeln abgerundet. Hinterbrust kielförmig, zwischen den Mittelhüften hineinragend. In stehendem Wasser.

Runder Runzeltastk., C. orbiculare Fab. Schwarz, glänzend, dicht punktiert. Flügeldecken mit einer eingedrückten, vorn verschwindenden Längslinie neben der Naht. 3—4 mm lang. Nicht selten.

### Misttastkäfer, Sphaeridium Fab.

Kugelig-eiförmig. Flügeldecken hinten einzeln abgerundet. Hinterbrust zwischen den Mittelhüften nicht verlängert. Leben nicht im Wasser, sondern in frischem Dünger.

Großer Misttastk., Sph. scarabaeoides Fab. Flügeldecken an der Wurzel mit einem, öfters undeutlichen blutroten und an der Spitze einem großen, gelben Flecken. Sehr häufig.

**Fig. 21.** Doppeltpunktierter Misttastk., Sph. bipustulatum Fab. Kleiner als voriger, Halsschild mit einem schmalen gelben Seitenrand, ebenso die Flügeldecken, welche noch einen großen gelben Flecken an der Spitze derselben führen. Häufig.

### Dungtastkäfer, Cercyon Leach.

Kleine, rundliche, glatte Käfer. Vorderbrust gegen die Mitte in eine kleine Spitze, die Hinterbrust aber zwischen den Mittelhüften nicht verlängert. Einige leben an feuchten Orten unter Steinen, andere im Dünger.

**Fig. 22.** Gelbfüßiger Dungtastk., C. flavipes Fab. Mäßig gewölbt, schwarz, glänzend. Flügeldecken an der Spitze und den Seitenrändern rötlich-gelbbraun, manchmal ganz braunrot. Sehr häufig.

## 6. Familie. Kurzflügler, Staphylinidae.

Flügeldecken verkürzt, die Flügel und meistenteils nur die Basis des Hinterleibes bedeckend. Hinterleib aus sieben bis acht freien, beweglichen Ringen zusammengesetzt. Eine sehr große Familie mit meist langgestreckten, schwarzgefärbten kleinen Arten, welche unter Moos, Rinde, Steinen, in faulenden Stoffen und Tierresten, in der Erde, in Schwämmen, in Ameisenhaufen, an sandigen, nassen Ufern und auf Blumen leben. Ihre sehr ähnlichen Larven leben meist vom Raube anderer Insekten und sind deshalb nützlich. Die Käfer riechen oft eigentümlich und schlagen, wenn man sich ihnen nähert, das Schwanzende in die Höhe. Im Sonnenschein fliegen sehr viele

Arten und geraten so öfters in die Augen der Menschen. Die vielen kleinen Arten sind sehr schwer zu unterscheiden und es werden deshalb auch nur die wichtigsten Gattungen aufgeführt.

## Ameisenkurzkäfer, Myrmedonia Erich.

Körper langgestreckt, Kopf deutlich von dem Halsschild durch einen kurzen Hals getrennt. Fühler länger als der Kopf, das zweite Glied viel kürzer als das dritte. Unterkiefer zweilappig; überall weichhaarig mit Nebenzungen. Leben häufig unter Steinen, in der Nähe von Ameisen.

Gerinnter Ameisenkurzk., M. canaliculata Fab. Ziegelrot, gedrängt punktiert mit einer schwarzen Querbinde über die Mitte des Hinterleibes. Halsschild etwas länger als breit mit abgerundeten Ecken. Häufig unter Steinen und bei Ameisen.

## Plattkurzkäfer, Homalota Manerh.

Unterkiefer am Innenrande mit kleinen Dornen bewimpert, keine Nebenaugen. Große Gattung mit einigen Hunderten Arten, die meist nur 3—4 mm lang sind und unter Steinen und an feuchten Orten vorkommen.

After-Plattkurzk., H. analis Grav. Schwarz, Halsschild und Flügeldecken dunkelrotbraun. Hinterleib oben einzeln und stark punktiert. Überall häufig.

Pilzplattkurzk., H. fungi Grav. Schwarz, ziemlich glänzend. Beine und Fühler rötlichbraun, erstes Fühlerglied etwas aufgetrieben. Halsschild fast breiter als die nur wenig längeren Flügeldecken. In Schwämmen und feuchten Plätzen, häufig.

## Mistkurzkäfer, Aleochara Grav.

Lippentaster viergliedrig, alle Füße fünfgliedrig. Halsschild ohne aufgeworfene Seitenränder. Die 2—5 mm langen Arten leben vorzüglich im Miste.

Braunfüßiger Mistkurzk., A. fuscipes Fab. Fühler um die Hälfte länger als der Körper, in der Mitte verdickt und am Grunde rot. Beine und Flügeldecken rot, letztere um das Schildchen und an den Seiten schwarz. 5—6 mm. Häufig.

### Dammkurzkäfer, Lomechusa Grav.

Lippentaster dreigliedrig. Halsschild mit aufgeworfenen Seitenrändern. Vorderfüße vier-, Hinterfüße fünfgliedrig. Leben in Gesellschaft von Ameisen.

Rostroter Dammkurzk., L. paradoxa Grav. Letzte Fühlerglieder dicker als lang, eng zusammengepreßt. Halsschild glatt, beiderseits schwach eingedrückt, mit rundlich erweiterten Seiten. 5 mm lang. In den Nestern von der roten Ameise, nicht häufig.

### Fluchtkurzkäfer, Tachyporus Grav.

Flügeldecken länger als die Brust, Fühler fadenförmig. Kiefertaster mit pfriemenförmigem Endglied. Hinterleib gerandet. Unter faulenden Pflanzenstoffen.

Abgestumpfter Fluchtkurzk., T. obtusus L. Körper glatt, gelblichrot, Brust, Vorderhüfte der Flügeldecken und Spitze des Hinterleibes blauschwarz. 4—5 mm lang. Ziemlich häufig.

Brauner Fluchtkurzk., T. brunneus Fab. Etwas kleiner als voriger, Flügeldecken und Hinterleib deutlich punktiert, letzterer ganz rotgelb, häufig.

### Fliehkurzkäfer, Tachinus Grav.

Flügeldecken wie bei der vorigen Gattung, nur sind die Kiefertaster fadenförmig und deren Endglied nicht dicker und länger als das vorhergehende. Im Dünger, am ausfließenden Safte der Bäume und feuchten Plätzen.

Rotfüßiger Fliehkurzk., T. rufipes Deg. Schwarzbraun, gewölbt, fein und dicht punktiert. Fühlergrund und Beine gelbrot. 7 mm lang, häufig.

Gelbfüßiger Fliehkurzk., T. flavipes Fab. Ebenso groß, weniger gewölbt, schwarzbraun mit hell rotbraunen Beinen und Flügeldecken. Ebenso häufig.

### Schwammkurzkäfer, Bolitobius Steph.

Flügeldecken so lang als die Brust. Fühler und Kiefertaster fadenförmig. In Schwämmen und unter faulenden Pflanzenstoffen.

Schwarzhaariger Schwammkurzk., **B. atricapillus** Fab. Glänzendrot. Kopf, Brust, Hinterleibsspitze und Flügeldecken schwarz, letztere mit hellgelbem Hinterrand und Querfleck an der Wurzel. 6—7 mm lang. Häufig in Löcherpilzen.

### Hainkurzkäfer, Quedius Steph.

Fühler fadenförmig. Körper gestreckt, nach vorn und hinten leicht verschmälert. Kopf rundlich, am Kopfe leicht eingeschnürt. An feuchten und schattigen Orten.

Glänzender Hainkurzk., Q. **fulgidus** Fab. Flügeldecken schwarz oder ziegelrot, fein punktiert und behaart. Halsschild an den Seiten erweitert. 6—11 mm lang. Vom März bis November häufig unter Moos und in Kellern. Die Larve nährt sich von Fliegenlarven.

## Tafel V.

### Raubkurzkäfer, Staphylinus L.

a) Creophilus Steph. Fühler etwas keulenförmig, das siebente bis zehnte Glied breit, allmählich verdickt, sämtliche Taster fadenförmig, bei den Kiefertastern ist das vierte Glied kürzer als das dritte. Hintere Schienen bedornt. Vordertasten erweitert. Die einzige deutsche Art:

**Fig. 1.** Starker Raubkurzk., St. **maxillosus** L. Kopf und Halsschild auf der Scheibe kahl, nur an den Rändern behaart. Oft häufig an Aas.

b) Emus Leach. Fühler nur gegen die Spitze etwas verdickt, das sechste bis zehnte Glied breit.

**Fig. 2.** Rauhhaariger Raubkurzk. St. **hirtus** L. Die Haare des Kopfes, Halsschildes und der drei letzten Hinterleibsringe goldgelb, Flügeldecken mit einer breiten graufilzigen Binde. In Pferde- und Rinderkot im Frühling nicht sehr selten.

c) Leistotrophus Perty. Nur das Ende der Fühler zugespitzt. Bei den Kiefertastern ist das letzte Glied kleiner als das vorletzte. Leben im Sommer im Mist, im Winter im Laubmoos.

**Fig. 3.** Dunkelgefärbter Raubkurzk., **St. nebulosus Fab.** Schwarz, mit dichtem, grauem Filze bekleidet. Fühlerwurzel und Beine rötlichgelb, letztere an der Basis schwarz, häufig. **St. murinus L.** kleiner als voriger und mit schwarzen Tastern und Beinen. Wie der vorige, besonders gern auch im Menschenkot.

d) Staphylinus L. Fühler fadenförmig, das Endglied an der Spitze ausgerandet. Taster sämtlich fadenförmig, das letzte Glied so lang als das vorletzte. Leben unter faulenden Vegetabilien, im Dünger und Aas, heben bei Gefahr den Hinterleib in die Höhe und verbreiten meist einen starken Geruch.

**Fig. 4.** Kaiserlicher Raubkurzk., St. caesarius Cederh. Schwarz, mattglänzend, Flügeldecken und Beine rot. Hinterleibsringe mit goldgelben Seitenflecken. In Deutschland gemein auf Wegen und Straßen.

**Fig. 5.** Grabraubkurzk., St. fossor Scop. Schwarz. Kopf und Halsschild dunkelrotbraun. Flügeldecken, Schienen und Tarsen rötlichgelb; behaart. Hinterleibsringe mit kleinen goldglänzenden Flecken. 13—15 mm lang. Nicht selten im feuchten Waldmoos.

Behaarter Raubkurzk., St. pubescens Deg. Etwas kleiner als voriger, schwarz mit dichtem braungrauen fleckigen Filze, auf dem Kopf und in der Mitte der Hinterleibsringe mit goldgelben Haaren vermischt. Beine schwarz. Überall.

Brauner Raubkurzk., St. erythropterus L. Schwarz, matt glänzend, Wurzel und Spitze der Fühler, Flügeldecken und Beine rot. Schildchen dicht, gelb. Letzte drei Hinterleibsringe mit gelben Flecken. Länge 13—15 mm. In Wäldern.

Mist-Raubkurzk., St. stercorarius Ol. Schwarz, Fühlerwurzel, Flügeldecken und Beine rotbraun. Schildchen samtschwarz, zweiter bis dritter Hinterleibsring mit einer dreieckigen Makel, sechster mit einer breiten, silberweißen Binde. 14—15 mm lang. Selten.

## Hüftkurzkäfer, Ocypus Steph.

Fühler schlanker als bei Staphylinus. Hinterleib schlank, gleichbreit. Mittelhüften stets aneinander stehend. Leben wie die vorige Gattung im Aas, Dünger und faulenden Vegetabilien.

**Fig. 6.** Großer Hüftkurzk., O. olens Müll. Geflügelt, schwarz, mattglänzend. Durch seine Größe vor allen Staphylinen ausgezeichnet. In hügeligen Waldgegenden hier und da. Seine Larve lauert in einer selbstgegrabenen Grube auf Insekten.

Ähnlicher Hüftkurzk., O. similis Fab. 17—19 mm lang, flügellos, schwarz matt glänzend, fein behaart. Flügeldecken wenig kürzer als das Halsschild und wie der Hinterleib dicht punktiert. Nicht selten.

Brauner Hüftkurzk., O. cupreus Ross. Geflügelt, schwarz. Kopf und Halsschild erzfarben, Fühler und Taster rot. Flügeldecken braun, grau behaart. Beine schwarz. Unter Steinen nicht selten.

**Fig. 7.** Blauer Hüftkurzk., O. cyaneus Payk. Geflügelt, schwarz, etwas mattglänzend, fein punktiert. Kopf, Halsschild und Flügeldecken dunkelblau. Fühler an der äußersten Spitze rostbraun. 15—22 mm lang. Selten auf Feldwegen.

## Dungkurzkäfer, Philonthus Leach.

Fühler nicht gekniet. Kopf gerundet, viereckig oder eiförmig mit einer halsförmigen Verengung, mit dem Halsschilde zusammenhängend, welches meist so lang als breit ist. Flügeldecken abgestutzt, Mittelhüften aneinander stehend, oder durch einen kleinen Zwischenraum getrennt. Die vielen schwarzen, mittelgroßen Arten leben in verwesenden vegetabilischen und animalischen Stoffen unter Moos, Steinen, auch an ausfließendem Baumsaft.

Glänzender Dungkurzk., Ph. splendens Fab. Schwarz, glänzend, Flügeldecken metallgrün. Halsschild ohne Rückenpunkte. Flügeldecken ziemlich dicht punktiert und schwarz behaart. 10—13 mm lang. Selten.

Erzfarbener Dungkurzk., Ph. aeneus Ross. Schwarz, Kopf und Halsschild bronzeschwarz, glänzend. Flügeldecken metallgrün. Kopf fast viereckig zwischen den Augen mit fünf, Halsschild außer den Randpunkten ebenfalls mit zwei bis vier Punkten. Flügeldecken fein punktiert. 9—15 mm lang. Überall gemein im Dünger, Aas und Pilzen, wo Käfer und Larven nach Mückenlarven jagen.

Schwärzlicher Dungkurzk., Ph. nigritulus Grav. Schwarz, lang gestreckt, die ersten Glieder der Fühler dunkelpechbraun, Beine meist bräunlichgelb. Jede Punktreihe auf dem Rücken des Halsschildes mit drei Punkten, Flügeldecken punktiert, fein grau behaart, 4 mm lang. Überall häufig.

**Fig. 8.** Blauflügeliger Dungkurzk., Ph. cyanipennis Fab. Schwarz, Flügeldecken kornblumenblau, Kopf gerundet, hinter den Augen mit einigen Punkten. Halsschild etwas breiter als lang. In Schwämmen, selten.

## Glanzkurzkäfer, Xantholinus Serv.

Fühler schwach gekniet, nicht weiter voneinander entfernt, als von den Augen; Taster fadenförmig. Flügeldecken mit übereinander liegenden Nahträndern. Hüften der Mittelbeine von einander getrennt. In faulenden Pflanzenstoffen und im Dünger.

Dung-Glanzkurzk., X. fulgidus Fab. Schwarz, glänzend. Flügeldecken und Füße rot. Halsschild glatt, mit einer tiefen Linie auf beiden Seiten. Flügeldecken unregelmäßig punktiert. 9 mm lang. Fast überall.

Punktierter Glanzkurzk., X. punctulatus Payk. Schwarz, Flügeldecken entweder schwarzgrün oder rotbraun, ebenso die Fühler und Beine. Halsschild länger als breit, mit sehr veränderlichen Punkten. Ebenso.

## Moderkurzkäfer, Lathrobium Grav.

Fühler unter dem Seitenrand der Stirn eingelenkt. Letztes Glied der Kiefertaster zugespitzt. Körper sehr schmal. Die ziemlich vielen, sehr langen Arten leben in sumpfigen Waldungen unter Moos, Laub und Steinen.

Verlängerter Moderkurzk., L. elongatum L. Schwarz, glänzend; Fühler, Beine und die an der Basis schwarzen Flügeldecken rötlichgelb, letztere länger als das Halsschild. Kopf fast kreisrund. 8 mm lang. Überall im Waldmoos.

Braunflügeliger Moderkurzk., L. fulvipenne Grav. Ebenso groß. Halsschild ebenso lang als die rotbraunen dicht punktierten Flügeldecken. In Gebirgsgegenden häufig.

## Flinkkurzkäfer, Paederus Grav.

Halsschild kugelig, fast eiförmig. Flügeldecken hinten gerade abgestutzt. Körper schlank mit langen, schlanken Beinen. Fühler fadenförmig, gerade. Leben in der Nähe von Flüssen und Bächen, meist gesellig, unter Laub und Steinen, auch laufen sie frei umher.

Ufer-Flinkkurzk., P. riparius L. Flügeldecken blau, Fühler schwarz, an der Basis rötlichgelb. Halsschild, die vier ersten Hinterleibsringe, Mittelbrust und Beine gelbrot. 6—7 mm lang. Gemein, überwintert gern in morschen Weiden.

Rothalsiger Flinkkurzk., P. ruficollis Fab. Schwarzblau, Halsschild rot, Fühler, Taster und Beine schwarz. 8—9 mm lang. Nur einzeln.

## Engkurzkäfer, Stenus Latr.

Hinterleib entweder ganz drehrund, oder dessen Ober- und Unterseite durch einen Seitenrand getrennt. Fühler zwischen den Augen eingesetzt. Halsschild schmäler als der Kopf. Sie leben an feuchten Orten, am Ufer der Bäche und Sümpfe, auch in Wäldern unter abgefallenem Laub. Sehr viele Arten.

Doppeltgezeichneter Engkurzk., St. binotatus Ljungh. Schwarz sehr dicht punktiert, behaart. Fühler und Taster pechbraun, Kopf mit flacher, sehr seicht gefurchter Stirne. Füße schwärzlichbraun. Das dritte Glied verkehrt herzförmig, das vierte zweilappig. 6 mm lang. Häufig im Schilf und feuchtem Gras.

Zweipunktiger Engkurzk., St. biguttatus L. Ebenso groß. Schwarz. Flügeldecken dicht runzlig punktiert, jede mit einem kleinen runden, rötlichgelben Flecken hinter der Mitte. Hinterleib gerandet. Gemein an Sandufern. Sehr ähnlich ist St. bipunctatus Er., nur sind die gelben Flecken auf den Flügeldecken überall gleichweit entfernt, und die Stirne seichter gefurcht. Ebenso häufig.

## Kieferkurzkäfer, Oxyporus Fab.

Fühler schwach gekniet, kaum so lang als der Kopf, der breiter und größer als das Halsschild ist. Flügeldecken schmäler als das, um die Hälfte breiter als lang, nach hinten stark verengte Halsschild. Bei den Männchen ist der Kopf größer und der sechste Bauchring an der Spitze leicht ausgerandet. In Schwämmen.

**Fig. 9.** Roter Kieferkurzk., O. rufus L. Schwarz, glänzend. Halsschild, die ersten vier Hinterleibsringe und die Beine rot. Flügeldecken mit einem großen rötlichgelben Schulterflecken. In größeren Löcherpilzen nicht häufig.

**Fig. 10.** Zangen-Kieferkurzk., O. maxillosus Fab. Rötlich gelbbraun. Kopf, Halsschild und Brust pechschwarz. Flügeldecken blaßgelbbraun, der äußerste Spitzenwinkel schwarz. Mitteldeutschland in Blätterpilzen.

## Hornkurzkäfer, Bledius Leach.

Körper ziemlich gleichbreit, geflügelt. Kopf etwas schmäler als das Halsschild, das gewöhnlich viel breiter als lang ist. Hinterleib mit aufgeworfenem Seitenrand. Fühler gekniet, das erste Glied lang. Die Männchen haben häufig einen gehörnten Kopf oder Halsschild. Im Wellsand am Ufer von Flüssen und Seen, in eigens gegrabenen Löchern.

Dreihörniger Hornkurzk., B. tricornis Herbst. Schwarz. Fühler und Beine rötlichbraun. Flügeldecken rot, ein dreieckiger Flecken am Schildchen schwärzlich. Die Stirne hat auf beiden Seiten ein ziemlich langes, breitgedrücktes Horn. Halsschild und Flügeldecken dicht punktiert. Hinterleibsspitze rot. 5—7 mm lang. Nur in salzhaltigem Boden, in den Salinen.

Kleiner Hornkurzk., B. fracticornis Payk. Schwarz, Fühlerwurzel und Beine rot. Flügeldecken dicht und tief punktiert, schwarz oder rot. Halsschild mit einer Längsrinne. 2 mm lang. Selten.

## Furchenkurzkäfer, Oxytelus Grav.

Körper gleichbreit, flachgedrückt, geflügelt. Kopf hervorgestreckt, durch einen sehr kurzen Hals mit dem Halsschild verbunden. Flügeldecken kurz, kaum so lang als breit, gewöhnlich etwas breiter als das Halsschild. Im Dünger, unter feuchtem Moos und Laub, einige besonders auf salzigem Boden am Strande.

Runzliger Furchenkurzk., O. rugosus Fab. Schwarz, wenig glänzend. Beine rot-pechbraun. Stirne dicht und tief punktiert. Halsschild und Flügeldecken dicht und tief punktiert, ersteres mit drei Längsfurchen. $4^1/_2$ mm lang. Überall.

Zusammengepreßter Furchenkurzk., O. depressus Grav. Kopf, Halsschild und Flügeldecken sehr fein und dicht gerunzelt. Stirne auf beiden Seiten etwas vertieft. Halsschild mit drei Längsfurchen. $1^1/_2$—2 mm lang. Häufig.

## Blumenkurzkäfer, Anthophagus Grav.

Körper länglich, flach gewölbt, geflügelt. Kopf vorgestreckt. Halsschild ziemlich herzförmig. Flügeldecken breiter als das H  sschild. Schienen ohne Dornen. Fühler dünn, fadenförmig. Le en auf Pflanzen, Gesträuchen und Blüten, besonders in Gebirgsgegenden und sind Raubtiere.

Abgekürzter Blumenkurzk., A. caraboides L. Rötlich gelbbraun. Hinterleib vor der Spitze und Kopf pechbraun. Halsschild fein und Flügeldecken ziemlich dicht und stark punktiert. 4 mm lang. Überall ziemlich häufig.

## Kleinkurzkäfer, Omalium Grav.

Körper meist gestreckt, oft flach, geflügelt. Kopf mit den Augen fast dreieckig, Halsschild in der Mitte in eine scharfe Ecke erweitert und da so breit als die doppelt so langen Flügeldecker  ühler nach der Spitze leicht verdickt. Auf blühenden Pflanzen und Gesträuchern, im Gras, einige unter Baumrinden in Borkenkäfergängen, deren Larven sie zerstören.

Gemeiner Kleinkurzk., O. rivulare Payk. Schwarz, glänzend. Fühlerwurzel und Beine gelbbraun. Flügeldecken dunkler. Kopf und Halsschild dicht punktiert mit zwei länglichen tiefen Grübchen. 3—$3^1/_2$ mm lang. Gemein im Mist, Pilzen, auf Blumen und bei Ameisen.

Brauner Kleinkurzk., O. brunneum Payk. Rotbraun. Kopf, After und ein Fleckchen an den Spitzen der Flügeldecken schwarz. Kopf, Halsschild und Flügeldecken dicht punktiert. 4 mm lang. Gemein unter Baumrinde und in Schwämmen.

### Blütenkurzkäfer, Anthobium Leach.

Körper kurz und breit, ziemlich flach, geflügelt. Kopf etwas dreieckig mit flacher, ungerandeter Stirn, ziemlich großen vorspringenden Augen. Halsschild etwas schmäler als die fast den Hinterleib bedeckenden Flügeldecken. Fühler gewöhnlich gegen die Spitze verdickt. Auf Blüten, besonders im Gebirge.

Brauner Blütenkurzk., A. florale Pz. Schwarz, etwas glänzend. Fühler und Beine rötlichgelb. Flügeldecken pechschwarz oder braun, sehr dicht punktiert, mehr als das doppelte so lang als das Halsschild. 3 mm lang. Nicht häufig.

Rötlicher Blütenkurzk., A. abdominale Grav. Rötlich gelbbraun. Flügeldecken doppelt so lang als das Halsschild, heller, dicht punktiert. Halsschild um die Hälfte breiter als lang, an den Seiten gerundet. 3—3½ mm lang. Nirgends selten.

## 7. Familie. Aaskäfer, Silphidae.

Körper flach, scharf umrandet. Fühler elfgliedrig, selten zehngliedrig, allmählich verdickt, oder mit mehreren größeren Endgliedern. Vorderhüften kegelförmig, aus den Gelenkgruben hervorragend. Bauch aus sechs beweglichen Gliedern zusammengesetzt. Meist im Aas oder Baumrinden. Sie sind zum Teil daher durch Vertilgung des Aases sehr nützlich und erscheinen oft plötzlich, wenn Aas vorhanden ist.

### Moderknopfkäfer, Catops Fab.

Körper länglich eiförmig, braun oder schwarzbraun. Fühler mit fünf größeren Endgliedern, von denen das zweite kleiner als die übrigen ist. Endglied der Kiefertaster kegelförmig zugespitzt. Es sind schnelle und bewegliche Tiere, die man unter Moos, Laub, Steinen und bei faulenden vegetabilischen und animalischen Stoffen findet.

Dunkler Moderknopfk., C. tristis Pz. Pechschwarz, die Fühler stark verdickt, die ersten sechs Glieder braunrot, die folgenden braun und breiter als lang. Halsschild kurz, seine Seiten gerundet.

Flügeldecken braun, undeutlich gestreift. Beine braun, Füße rostgelb. 4—5 mm lang. Nicht selten, namentlich im Aas.

## Erdknopfkäfer, Necrophilus Jll.

Eiförmig, gewölbt. Fühler mit fünf größeren Endgliedern. Endglied der Kiefertaster walzenförmig. Flügeldecken mit breitem, aufgeworfenem Rande und abgestutzter, am Nahtwinkel gezähnter Spitze. Die eine Art: N. subterraneus Ill. ist pechschwarz mit punktiert gestreiften Flügeldecken, kommt auf Bergen an feuchten, schattigen Plätzen unter Steinen vor, manchmal auch in den Gehäusen der Schnecken. Länge 5—8 mm.

## Leichenknopfkäfer, Totengräber, Necrophorus Fab.

Flügeldecken abgestutzt. Fühler zehngliedrig, kurz mit sehr großem viergliedrigen durchblätterten Endknopfe. Häufig im Sommer im Aas, zu dem sie oft aus weiter Ferne kommen. Sie vergraben dasselbe, um ihre Brut darin abzusetzen.

**Fig. 11.** Deutscher Totengräber. N. germanicus L. Die größte Art mit rotbraunen Flügeldecken und einem rostgelben Flecken auf der Stirn. Lebt weniger vom Aas, sondern von Insekten, besonders Mistkäfern, welche er anfällt und fortschleppt, weshalb er sich auch im Dünger aufhält.

**Fig. 12.** Trauer-Totengräber, N. humator Fab. Kleiner als der vorige, mit orangefarbiger Fühlerkeule. Häufig.

**Fig. 13.** Gemeiner Totengräber, Bisamk., N. vespillo L. Fühlerwurzel rotgelb. Vorderrand des Halsschildes dicht gelb behaart. Hinterschienen gebogen. Gräbt tote Körper, Vögel, Maulwürfe, Mäuse in den Boden, um seine Eier darin zu legen. Man trifft ihn auch öfters auf Blüten an. Er riecht stark nach Bisam.

**Fig. 14.** Aufspürender Leichenknopfk., N. vestigator Hersch. Umkreis des Halsschildes mit gelber Wolle. Fühler mit rotgelbem Endknopfe. Hinterschienen gerade. Seltener.

Grabender Leichenknopfk., N. fossor Erich. Halsschild unbehaart, Hinterbeine gerade, alle Beinringe mit gelblichgrauen Haaren am Rande besetzt. Selten.

**Fig. 15.** Suchender Leichenknopfk., N. ruspator Erich. Schwarz, nur die äußerste Spitze des Unterleibs ist gelblichgrau bewimpert, die Binden auf den Flügeldecken rot. Selten.

**Fig. 16.** Kleiner Totengräber, N. mortuorum Fab. Fühler ganz schwarz, die erste gelbrote Binde ist nicht unterbrochen, die zweite an der Spitze so unterbrochen, daß sie in Form von zwei großen Flecken erscheint. Im Aas und Pilzen, selten.

## Aaskäfer, Silpha L.

Körper eiförmig oder länglich; Fühler allmählich verdickt, oder mit drei bis vier größeren Endgliedern. Kiefertaster oben ei- oder walzenförmig. Halsschild scheiben- oder halbkreisförmig. Leben meist vom Aas; verzehren aber auch lebende Insekten; sie finden sich im Aas und unter Steinen und sondern beim berühren aus Maul und Hinterleib einen stinkenden Saft ab. Nutzen durch vertilgen von Aas und Insekten, namentlich Raupen. Nur eine Art, Silpha atrata, schadet, indem deren Larven in den Runkelrübenfeldern die ganz jungen Pflanzen zerstören.

**Fig. 17.** Gestade-Aask., S. (Necrodes) littoralis L. Fühler allmählich verdickt. Halsschild scheibenförmig, Flügeldecken abgestutzt, schwarz mit drei erhabenen Längslinien. Im frischen oder trockenen Fleisch, im Aas, auch unter Steinen und im angeschwemmten Moos an den Ufern.

## Tafel VI.

**Fig. 1.** Rotbrüstiger Aask., S. thoracica L. Halsschild rot mit goldgelben Haaren, Flügeldecken mit drei erhabenen Längslinien und einem Höcker in der Mitte. In Wäldern an toten Schnecken und Amphibien.

**Fig. 2.** Runzliger Aask., S. rugosa L. Fühler mit drei deutlichen Endgliedern. Schwarzer Kopf und Halsschild dicht grau behaart. Flügeldecken quer runzlig, unbehaart. Sehr häufig.

Gefurchter Aask., S. carinata Ill. Flach gewölbt, schwarz, Halsschild vorn deutlich ausgerandet, mit aufgeworfenen Rändern.

Flügeldecken dicht punktiert. Die Naht und drei erhabene Längslinien glatt. 16—20 mm lang. Selten.

**Fig. 3.** Punktierter Aask., S. quadripunctata L. Schwarz, Seitenrand des Halsschildes und die Flügeldecken bis auf zwei erhabene Punkte, einen runden an der Wurzel und einen andern in der Mitte, gelbbraun. Im Frühling in Eichenwaldungen häufig, wo sie die Nester der Prozessionsspinner und anderer Nestraupen aufsuchen.

Glänzender Aask., S. opaca L. Oberseite mit dichter, anliegender, grauer Behaarung. Flügeldecken mit drei erhabenen Längslinien. Er soll wie die etwas größere S. atrata zeitweise den Runkelrüben schädlich werden. Nicht so häufig.

**Fig. 4.** Dunkler Aask., S. obscura L. Schwarz, wenig glänzend. Halsschild vorn kaum ausgerandet. Flügeldecken regelmäßig punktiert, die Punkte in gleichen Abständen, nicht zusammenfließend. Überall gemein.

**Fig. 5.** Schwarzer Aask., S. atrata L. Glänzend schwarz. Halsschild leicht ausgebuchtet. Flügeldecken runzlig punktiert mit drei erhabenen, glatten Längsstreifen. Sehr häufig.

## Hackenkäfer, Anistoma Ill.

Fühler elfgliedrig mit fünfgliedriger Keule. Mittelbrust mit einem feinen, scharfen Kiel. Die Hinterfüße nur viergliedrig. Flügeldecken punktiert gestreift. Meist kleine 1—3 mm lange Käfer, welche in Schwämmen und moderndem Holze leben.

Brauner Hackenkäfer, A. cinnamomea Pz. Länglich, gelbbraun, Halsschild an der Seite gerandet, in der Mitte am breitesten. Flügeldecken regelmäßig punktiert, gestreift und zwischen den Streifen noch eine Reihe größerer Punkte. 4—5 mm lang. In Schwämmen, besonders in Trüffeln.

Veränderlicher Hackenkäfer, A. dubia Ill. Ziemlich flach gewölbt, pechbraun oder schwärzlich oder rötlichgelb. Halsschild dicht punktiert, Flügeldecken stark punktiert gestreift. 2—3 mm lang. Überall verbreitet und häufig.

## 8. Familie. Kahnkäfer, Scaphidiidae.

Kahnförmige, glatte, glänzende Käferchen, welche in Schwämmen und faulen Baumstöcken leben. Fühler elfgliedrig, gerade, mit fünf größeren Endgliedern. Vorderhüften zapfenartig hervorragend. Bauchringe fünf bis sieben.

### Pfifferknopfkäfer, Scaphidium Fab.

Fühler mit vier oder fünf Endgliedern, Augen deutlich ausgerandet. In Baumschwämmen.

Vierfleckiger Kahnk., Sc. quadrimaculatum Ol. Schwarz glänzend, Fühler rotbraun, die Keule schwarz. Flügeldecken mit zwei roten Querflecken, ziemlich dicht punktiert. Beine schwarz mit roten Füßen. 6 mm lang. Häufig.

## 9. Familie. Stutzkäfer, Histeridae.

Flügeldecken stark abgestutzt. Beine mit flachen Schienen in Gruben zurückziehbar. Hinterhüften weit von einander entfernt. Leben im Aase, Mist und unter Baumrinden als Räuber und sollen auch Aphodien fressen.

### Flachknopfkäfer, Platysoma Leach.

Körper ziemlich flach und gestreckt. Kopf zurückziehbar. Fühler fadenförmig, allmählich verdickt, die Keule oval. Fühlergruben tief an der Unterseite des Halsschildes am Vorderrande. Schienen am Außenrande, gezähnt. Unter Baumrinden.

Punktierter Flachknopfk., P. frontale Payk. Ziemlich elliptisch, flach gewölbt, schwarz glänzend. Seiten des Halsschildes punktiert. Flügeldecken mit fünf Rückenstreifen. Mittelschienen mit fünf Hinterschienen mit vier Zähnchen. 4—5 mm lang. Unter Erlen- und Birkenstockrinde.

Gepreßter Flachknopfk., P. depressum Fab. Länglich abgerundet, viereckig, glänzend, pechschwarz, sehr flach gedrückt. Halsschild seitlich punktiert. Mittelschienen mit vier Hinterschienen mit drei Zähnchen. 3 mm lang. Unter Eichen-, Birken- und Buchenrinde.

## Stutzknopfkäfer, Hister L.

Körper ziemlich dick. Kopf zurückziehbar, unten von einem gerundeten Fortsatz der Vorderbrust bedeckt. Fühlergeisel allmählich verdickt, Keule eiförmig, zusammengedrückt. Hinterschienen an der Außenkante mit zwei Dornreihen. Leben im Dünger oder von Aas und auch von lebenden Insekten.

**Fig. 6.** Vierpunktiger Stutzk., **H. quadrimaculatus L.** Flügeldecken mit einem großen, öfters unterbrochenen roten Flecken. Vorderschienen an der Spitze mit einem einfachen Zahn. Häufig, tötet Mistkäfer.

**Fig. 7.** Vierfleckiger Stutzk., **H.** quadrinotatus Scrib. Kleiner als der vorige. Die Flecken auf den Flügeldecken fließen öfters ineinander. Schienen am Außenrande mit drei Zähnchen. Sehr häufig.

**Fig. 8.** Zweipunktiger Stutzk., **H.** fimetarius Herbst. Flügeldecken mit einem großen, am äußern hintern Rande ausgeschnittenen gelbroten Fleck. Vorderschienen vierzähnig. 6—7 mm lang. Auf trockenen, sandigen Viehweiden, nicht häufig.

Zweifleckiger Stutzk., H. bimaculatus L. Nur 4 mm lang. Fühler und Beine braunrot. Häufig.

**Fig. 9.** Aas-Stutzk., H. cadaverinus Ill. Größe und die Flügeldecken wie bei dem vorigen, Vorderschienen aber mit fünf bis sechs Zähnchen. Sehr häufig.

**Fig. 10.** Einfarbiger Stutzk., **H.** unicolor Fab. Ganz schwarz. Der äußerste und die zwei innern Streifen auf den Flügeldecken stark abgekürzt. Vorderschienen mit drei Zähnchen. 4—5 mm lang. Häufig im Kuhmist.

Mist-Stutzk., H. merdarius Sturm. Länglich viereckig. Vorderschienen mit drei bis vier Zähnchen. Auf den Flügeldecken nur die zwei inneren Streifen stark verkürzt. 5 mm lang. Häufig.

### Porenknopfkäfer, Saprinus Erich.

Oberseite der Käfer mehr oder weniger punktiert. Vorderbrust ohne Lappen. Kopf zurückziehbar. Fühler unter dem Stirnrande eingefügt, fadenförmig mit langem ersten Gliede. Keule kugelig. Leben im Dünger, faulenden Schwämmen und Aas.

**Fig. 11.** Glänzender Porenknopfk., S. nitidulus Fab. Schwarz metallisch glänzend. Flügeldecken ziemlich dicht punktiert, mit vier nur zur Mitte reichenden Streifen. Sehr häufig.

Erzfarbener Porenknopfk., S. aeneus Fab. Nur 2—3 mm lang. Schwarz. Flügeldecken mit ganzen Nahtstreifen. Streifen der Flügeldecken nur bis zur Mitte, zweiter fehlt ganz. Häufig.

## 10. Familie. Glanzkolbenkäfer, Phalacridae.

Fühler elfgliedrig mit längerer, dreigliedriger Keule. Vorderhüften kugelig. Füße fünfgliedrig, die drei ersten breit, unten schwammartig behaart. Das vierte sehr klein und versteckt. Die kleinen Arten leben in Blumen, in welchen auch ihre Larven vorkommen, und überwintern unter Baumrinde.

### Glanzkolbenkäfer, Phalacrus Payk.

**Fig. 12.** Gewölbter Glanzkolbenk., Ph. corruscus Payk. Kurz eiförmig, stark gewölbt. Letztes Glied der Kiefertaster lang, fast walzenförmig. Auf Blüten, besonders auf Korbblüten, Compositen.

## 11. Familie. Glanzkäfer, Nitidulidae.

Körper gedrungen, Fühler gerade, gewöhnlich elfgliedrig mit dreigliedriger Keule. Vorderhüften walzenförmig, eingeschlossen. Füße fünfgliedrig, bald das erste, bald das vierte Glied sehr klein. Alle sind kleine Käferchen, welche von trockenen animalischen Substanzen und Aas leben. Viele befinden sich auch auf Blumen und verursachen oft beträchtlichen Schaden.

## Saftglanzkäfer, Epuraea Erich.

Meist braungelb gefärbte Käferchen, welche auf Blüten und vom ausfließenden Safte der Bäume leben. Fühler innen schräg gegen einander geneigt. Die ersten drei Fußglieder sind erweitert, unten dicht mit Härchen bekleidet.

Dunkelgefärbter Saftglanzk., E. obsoleta Fab. Länglich, gleich breit, Flügeldecken ockergelb mit einem oder mehreren Flecken auf der Scheibe. Brust und Hinterleib öfters schwärzlich. Unter Kiefernrinde und am ausfließenden Safte der Laubbäume nicht selten. 3 mm lang.

## Seidenknopfkäfer, Repsglanzkäfer, Meligethes Kirby.

Länglich eirund. Hinterschienen borstig gewimpert, die ersten drei Fußglieder erweitert, unten zottig, die Flügeldecken lassen den letzten Hinterleibsring frei. Auf Blüten, oft in großer Menge, und unter der Rinde der Bäume.

**Fig. 13.** Repsglanzk., M. aeneus Fab. Grün oder blau glänzend, Unterseite schwarz, Beine pechschwarz. Einer der gemeinsten Blütenkäfer, frißt sich in die Knospe ein, wo er auch seine Eier ablegt. Die Larven befressen die Blütenteile und verwandeln sich in der Erde. Der Käfer kommt anfangs Juli wieder auf die Blüten und überwintert. Er schadet besonders sehr dem Reps.

## Knappglanzkäfer, Cychramus.

Flügeldecken den Hinterleib bis auf die äußerste Spitze bedeckend. Fühlerrinnen undeutlich. Vorderbrust zapfenförmig gegen eine Grube der Mittelbrust hervorragend. In Staubpilzen und auf blühenden Gesträuchern.

**Fig. 14.** Gelber Knappglanzk., C. luteus Fab. Rötlich- oder braungelb, gelb behaart. Härchen dicht, anliegend. Halsschild und Flügeldecken ohne Punkte und Flecken. Häufig auf Blumen.

## Glattglanzkäfer, Ips Fab.

Langgestreckte kleine Käferchen mit etwas wenig verkürzten Flügeldecken. Vorderbrust reicht nach hinten nur etwas über den vordern

Rand der Mittelbrust. Leben unter Baumrinde und am Saft der Laubbäume.

**Fig. 15.** Vierfleckiger Glattglanzk., J. quadripustulata Fab. Jede Flügeldecke mit zwei lebhaft roten Flecken. Fühler und Beine pechbraun. Unter Laubholzrinden, häufig.

## 12. Familie. Brotkäfer, Trogositidae.

Körper eiförmig oder mehr gestreckt, meist flach. Fühler elfgliedrig. Erstes Fußglied das kleinste. Klauen einfach, zwischen denselben eine kleine, an der Spitze mit zwei Borsten besetzte Afterklaue. Unter Baumrinden und Arzneiwaaren.

### Kornknopfkäfer, Trogosita Oliv.

Körper flach gestreckt, flach und glatt, einem Laufkäfer ähnlich. Fühler elfgliedrig, gegen die Spitze allmählich und nur schwach verdickt. Augen nierenförmig. In faulem Holze, unter Baumrinde und Arzneiwaaren.

**Fig. 16.** Brot- oder Getreidekäfer, T. mauritanica L. Pechbraun. Flügeldecken punktiert gestreift. Larven und Käfer finden sich vorzüglich in Arznei- und anderen Waaren und sind durch den Handel über die ganze Erde verbreitet, außerdem auch unter der Rinde rotfaulender Laubhölzer, wie von Eichen, Buchen und Rüstern.

### Randknopfkäfer, Peltis Geoff.

Körper eiförmig oder mehr länglich. Fühler mit schmaler, lose gegliederter Keule. Augen bald quer, bald mehr rundlich. Schienen unbewehrt. Unter Baumrinden.

Großer Randknopfk., P. grossa L. Oval, ziemlich flach, schwärzlich lichtbraun, rot- oder gelbbraun, sehr dicht punktiert. Die Naht und die drei Längslinien der Flügeldecken erhaben und glatt. 15—17 mm lang. An mit Baumschwämmen bewachsenen Tannen- und Fichtenstöcken unter der Rinde. Nicht häufig.

**Fig. 17.** Brauner Randknopfkäfer, P. ferruginea L. Nur halb so groß, als der vorige. Flügeldecken mit regelmäßigen

Punktreihen mit sieben erhabenen Längslinien. Unter der Rinde verschiedener Bäume, auch in Häusern häufig.

## 13. Familie. Fadensaftkäfer, Colydidae.

Fühler acht- bis elfgliedrig, keulenartig. Füße eingliedrig. Glieder einfach. Beinringe fünf, die ersten drei oder vier unbeweglich. Vorderhüften kugelig. Unter der Rinde und in Schwämmen von Bäumen.

### Bastsaftkäfer, Ditoma Jll.

Körper länglich mit erhabenen Zwischenräumen. Fühler elfgliedrig Keine Fühlerrinnen. Die ersten drei Fußglieder ziemlich gleich kurz. Unter Baumrinden.

Gekerbter Bastsaftk., D. crenata Fab. Schwarz, Fühler und Beine rötlichbraun, Flügeldecken punktiert gestreift mit abwechselnd erhabenen Zwischenräumen und jede mit zwei roten Flecken oder Binden. 2—3 mm lang. Sehr häufig, unter morschen Baumrinden.

### Fadensaftkäfer, Collydium Fab.

Körper schmal, linienförmig. Fühler elfgliedrig mit zwei größeren Endgliedern. Flügeldecken erhaben gestreift. Unter Rinden.

**Fig.** 18. Rostroter Fadensaftk., C. filiforme Fab. Glänzend schwarz; Fühler, Beine und die Wurzel der Flügeldecken rostrot. Letztere an der Spitze abgerundet mit vier scharfen erhabenen Längsstreifen. In alten morschen Eichen, selten.

## 14. Familie. Rindenplattkäfer, Cucujidae.

Körper meist lang und flach. Fühler elfgliedrig, fadenförmig oder mit drei größeren Endgliedern. Füße mit fünf, bei den Männchen öfters nur vier Glieder an den Hinterbeinen. Unter Baumrinden, vegetabilischen Abfällen und andern Pflanzenteilen.

### Holzplattkäfer, Brontes Fab.

Körper flach, Halsschild viel breiter als lang, mit vorspringenden Vorderecken. Fühler elfgliedrig, fadenförmig, das erste Glied lang-gestreckt und gegen die Spitze hin etwas verdickt. Das Männchen hat längere Fühler und einen gekrümmten kleinen Fortsatz am Außenrand der Oberkiefer. Unter Baumrinden. Die einzige Art:

Fig. 19. Holzplattk., B. deplanatus L. Ist länglich schwärzlich braun, glanzlos, mit seicht gestreiften Flügeldecken und kommt unter der Rinde aller Baumarten, besonders Eichen und Buchen, vor.

### Hainplattkäfer, Silvanus Latr.

Fühler elfgliedrig mit lose gegliederter dreigliedriger Keule. Die ersten drei Fußglieder breit, unten dicht behaart, das erste so lang als die beiden folgenden, das vierte Glied sehr klein und zum Teil im dritten versteckt. Im Grase, Getreide oder unter Baumrinden.

Getreideplattsaftk., S. frumentarius Fab. Braun, fein behaart; Halsschild mit zwei tiefen Längsfurchen. Flügeldecken regel-mäßig-punktiert-gestreift. Fast überall. Larve und Käfer kommen in aufgespeicherten Pflanzenwaaren und Früchten, besonders Reis, vor und wurden von Amerika eingeschleppt.

## 15. Familie. Pilzknopfkäfer, Cryptophagidae.

Hinterleib aus fünf frei beweglichen Ringen zusammengesetzt, von denen der erstere länger als die übrigen ist. Fühler elfgliedrig mit einer dreigliedrigen Keule. Füße meist fünfgliedrig, die Hinter-füße bei manchen Männchen mit vier Gliedern. In Pilzen und faulendem Holze.

### Pilzknopfkäfer, Cryptophagus Herbst.

Kleine, längliche Käferchen mit elfgliedrigen Fühlern, welche am Seitenrande der Stirn eingefügt sind. Vorderbrust nicht in die Mittelbrust eingreifend. Füße fünfgliedrig, Hinterfüße der Männchen nur viergliedrig. An feuchten, dumpfigen Orten, in Kellern an Weinfaßspunden, in Baumpilzen und faulendem Holze.

Braunroter Pilzknopfk., C. lycoperdi Fab. Länglich, gewölbt, rotbraun oder rostrot. Halsschild mit vier Schwielenhöckern auf der Oberseite und einem kleinen Zähnchen. 2—3 mm lang. In Schwämmen und unter schimmliger Rinde.

## 16. Familie. Modersaftkäfer, Lathridiidae.

Körper klein, Fühler keulenförmig, Füße mit drei, selten die vordersten mit vier einfachen Gliedern. Bauchringe fünf. Vorderhüften kugelig, in den Gelenksgruben eingeschlossen. Leben unter faulenden Pflanzenstoffen, am Schimmel und unter Auskehricht.

### Modersaftkäfer, Lathridius Herbst.

Fühler elfgliedrig mit drei größeren Endgliedern. Halsschild mit scharfen, aufstehenden Rändern. Alle Füße dreigliedrig. Viele kleine Arten, welche besonders in schimmelnden Pflanzenstoffen leben.

Kleiner Modersaftk., L. minutus L. Schwarz oder schwarzbraun, Fühler und Beine rötlich gelbbraun. Halsschild mit zwei länglichen Grübchen, Flügeldecken regelmäßig und tief punktiert gestreift. $1^1/_2$ mm lang. In Baumpilzen und besonders in Häusern im Schimmel.

### Haarhornkäfer, Dasycerus Brongn.

Fühler unregelmäßig, die zwei ersten Glieder sehr groß, kugelförmig, die folgenden dünn und lang, die drei letzten an der Spitze kugelförmig erweitert und lang behaart. Füße dreigliedrig. In feuchten, schattigen Waldungen unter Moos.

Gefurchter Haarhornk., D. sulcatus Brongn. Braun oder rötlich gelbbraun. Kopf dreieckig, erhaben; Halsschild viel breiter als lang. Flügeldecken punktiert gestreift mit erhabenen Längslinien, welche mit einer Reihe Borsten besetzt sind. 1—2 mm lang. Nicht selten.

## 17. Familie. Pilzsaftkäfer, Mycetophagidae.

Elliptische, flach gewölbte und fein behaarte Käfer. Fühler elfgliedrig, allmählich verdickt oder mit zwei bis drei größeren Endgliedern. Füße viergliedrig, bei den Männchen an den Vorderbeinen nur dreigliedrig. In Baumschwämmen und unter Baumrinden.

### Pilzsaftkäfer, Mycetophagus Hellw.

Augen quer, vorn ausgerundet. Fühler allmählich gegen die Spitze verdickt. Körper länglich. Halsschild mit einem tiefen Grübchen beiderseits am Hinterrande. Flügeldecken punktiert gestreift. In Baumschwämmen.

**Fig. 20.** Vierfleckiger Pilzsaftk., M. quadripustulatus L. Länglich. Die sechs ersten Fühlerglieder rot, die vier folgenden braun, das letzte eiförmig zugespitzt. Flügeldecken schwarz mit zwei ziegelroten Flecken auf jeder Seite. Häufig in Baumschwämmen und rotfaulen Eichen.

### Rauchsaftkäfer, Typhaea Kirby.

Körper länglich. Halsschild auf beiden Seiten mit schwachen Eindrücken. Kopfschildsfurche tief. Fühler mit drei größeren Endgliedern. Augen rund. Die einzige Art:

**Fig. 21.** Gelb behaarter Rauchsaftk., T. fumata L. Etwas flach gedrückt, rostrot oder rostgelb, sehr dicht punktiert mit feiner, anliegender gelber Behaarung. Flügeldecken fein punktiert gestreift. Häufig im Moder alter Bäume und unter Baumrinden, auch in Häusern nicht selten.

## 18. Familie. Speckknopfkäfer, Dermestidae.

Fühler stirnständig, kurz, gerade, gewöhnlich elfgliedrig mit meist drei-, selten zwei- oder mehrgliedriger Keule. Vorderhüften zapfenförmig, Hinterhüften plattenförmig. Füße fünfgliedrig, Bauchringe fünf, frei beweglich. Manche Arten sind oft in sehr großer Anzahl auf Blüten, die Larven fressen abgestorbene tierische Substanzen.

## Pilzknopfkäfer, Byturus Latr.

Stirn ohne Nebenauge. Fühler elfgliedrig mit dreigliedriger Keule. Das zweite und dritte Fußglied mit lappenförmigen Anhängseln, das vierte sehr klein, im dritten versteckt. Auf Blüten.

Himbeerkäfer, B. fumatus Fab. Länglich, dicht mit gelbgrauen Haaren bedeckt. Häufig auf Blüten. Die Larven davon sind die weißlichen Würmchen in Himbeeren, seltener in Brombeeren.

**Fig. 22.** Mufffäfer, B. tomentosus F. Etwas kleiner als der vorige. Entweder schwarz mit grauen Haaren, Fühler und Beine rötlich gelbbraun oder pechbraun und gelbgrau behaart, mit rotgelben Beinen und Fühlern. Auf Blüten häufig.

## Speckkäfer, Dermestes L.

Die vier ersten Fußglieder gleich kurz, einfach. Klauen einfach. Hinterhüften plattenförmig erweitert. Fühler elfgliedrig mit dreigliedriger Keule. Die langen walzenförmigen Arten leben von tierischen Stoffen. Die Larven zeichnen sich durch dichte abstehende Haare aus und sind in Häusern an tierischen Überresten oft zu finden. Ziehen beim Berühren die Glieder an und stellen sich tot.

**Fig. 23.** Fuchsspeckk., D. vulpinus Fab. Länglich, schwarz, glanzlos. Fühler rotbraun. Unterseite mit einem dichten weißen Haarüberzug, an den Seiten der Hinterbrust und der einzelnen Bauchringe je ein schwarzhaariger Fleck. An Tierresten; er ist durch den Handel über die ganze Erde verbreitet.

**Fig. 24.** Gemeiner Speck., D. lardarius L. Flügeldecken mit einer breiten, bräunlich-grauen Binde. Sehr häufig und schädlich allen tierischen Stoffen, wie trockenen Fleischwaaren, Speck, Häuten, dem Pelzwerk und besonders auch den Naturaliensammlungen.

## Pelzkäfer, Attagenus L.

Körper lang, Fühler elfgliedrig mit drei größeren Endgliedern, die Vorderschienen sind am Außenrand mit feinen Dornen besetzt. Auf Blumen, wo sie die Blumenblätter und Staubbeutel verzehren, mehr aber am Pelzwerk, welches sie und ihre Larven zerstören.

**Fig. 25.** Gemeiner Pelzkäfer, Kürschner, A. pellio L. Oval, schwarz, Flügeldecken öfters braun, die Oberseite schwärzlich, die Unterseite grau behaart und seidenartig glänzend. Im Winter besonders in Pelzwerk, aus dem die Haare klumpenweise herausfallen, an ausgestopften Tieren und Naturaliensammlungen.

### Blütenkäfer, Anthrenus Fab.

Viel kleinere, rundliche oder kurzeiförmige Käferchen mit meist elfgliedrigen Fühlern und stark seitlich gebuchteten Decken, die mit weißen und gelben Schüppchen verschiedenartig gezeichnet sind. Das Halsschild ist hinten in der Mitte lappenförmig erweitert. Leben von tierischen Stoffen, aber auch oft in großer Menge auf Blüten.

**Fig. 26.** Braunwurz-Blütenk., A. scrophulariae L. Fühler elfgliedrig, Flügeldecken mit roter Naht und Spitze und drei Binden. Auf Blüten, besonders auf Schirmblüten, Umbelliferen, aber auch sehr schädlich für Pelz und Insektensammlungen.

**Fig. 27.** Vogelnestkäfer, A. pimpinellae Fab. Rot und weiß gesprenkelt, Flügeldecken mit breiter weißer Binde und zwei weißen Flecken an der Spitze. Ebenfalls auf Blüten, in Menge aber in alten Vogelnestern.

**Fig. 28.** Kabinetskäfer, A. museorum L. Fühler achtgliedrig mit zweigliedriger Keule. Schwarzbraun, rostbraun gesprenkelt. Flügeldecken mit griesgrauen und gelbrötlichen Schuppen. Im Mai häufig an Blumen, die Larven schaden den Sammlungen, besonders von Insekten. Das beste Mittel für diese gefährlichen Insekten und die kleinen Staubläuse ist Naphtalin.

## 19. Familie. Fugenknopfkäfer, Byrrhidae.

Fühler elf-, selten zehngliedrig, allmählich verdickt, nur mit mehreren größeren Endgliedern. Kopf vorgestreckt, oder unter das Halsschild zurückgezogen. Vorder- und Mittelhüften walzenförmig eingeschlossen. Hinterhüften plattenförmig, quer, nahe aneinander stehend. Die hochgewölbten Käfer kriechen bei Tage langsam auf sandigen Wegen und nähren sich vom Moos.

## Pillenkäfer, Byrrhus L.

Hinterbeine in scharf ausgeprägten Gruben, alle Füße so in die Schienen einlegbar, daß sie von diesen vollständig aufgenommen werden. Kopf so einziehbar, daß die Oberkiefer vollständig und die Augen halb bedeckt werden. Die Zeichnungen der Flügeldecken bestehen meist aus feinen, samtartigen Haaren, weshalb sie sehr schwer zu bestimmen sind, wenn diese abgerieben sind. Auf Wiesen an sonnigen, trockenen Stellen, auf Wegen und in trockenen Gräben.

**Fig. 29.** Riesen-Pillenk., **B. gigas Fab.** Flügeldecken rot oder braun, durch eingegrabene, größtenteils sich durcheinander windende Linien und ihre zum Teil erhabene Zwischenräume runzlig mit kurzer, gelbgrauer seidenglänzender Behaarung und hinten mit einem buchtigen Querfleck. Ungeflügelt. In Gebirgsgegenden nicht selten, aber meistens ganz abgerieben, oder mit Harz überzogen.

**Fig. 30.** Geschmückter Pillenk., **B.** ornatus Pz. Ungeflügelt. Flügeldecken mit regelmäßigen, feinen, etwas vertieften Längsstreifen, welche bei reinen Exemplaren mit dunkleren, oder schwarzen Samtflecken besetzt sind. Im ganzen südlichen und mittleren Deutschland.

**Fig. 31.** Kegelförmiger Pillenk., Pillenkugel, **B.** pilula L. Geflügelt. Oberseite braun, filzig behaart, die fein gestreiften Flügeldecken mit dunklen oder schwarzen Samtflecken. Im Mai in Fahrgeleisen ziemlich gemein.

**Fig. 32.** Bandierter Pillenk., **B. fasciatus Fab.** Geflügelt. Flügeldecken mit einem gelben, wellenförmigen Band und zwei ebensolchen Flecken auf dem Halsschilde. In sandigen, trockenen Gegenden, nicht selten.

**Fig. 33.** Rückenfleckiger Pillenk., **B. dorsalis Fab.** Geflügelt. Das Band auf den Flügeldecken nicht wellenförmig. Halsschild mit schwarzen Zeichnungen. Nirgends selten.

# 20. Familie. Klauenknopfkäfer, Hackenkäfer, Parnidae.

Körper länglich, flach oder gewölbt, oder zum Teil von einem kurzen Haarfilz überzogen. Fühler stirnständig, meist elfgliedrig. Flügeldecken eng anschließend, den ganzen Hinterleib bedeckend. Vorderhüften bald walzen- bald kugelförmig, Hinterhüften fast halbwalzenförmig. Füße fünfgliedrig mit großem Endgliede. Sie leben in fließenden und stehenden Gewässern, in denen sie ohne zu schwimmen, an Pflanzen und Steinen herumkriechen. Sie nähren sich von faulenden Pflanzenstoffen und sind behufs der Atmung von einer Luftblase umgeben, weshalb sie so lange unter Wasser aushalten können.

## Hackenkäfer, Parnus Fab.

Fühler geöhrt, Kopf in das Halsschild zurückgezogen. Mittel- und Hinterbeine je einander nahestehend. Klauenglied lang mit zwei starken Klauen. Im Wasser.

**Fig. 34.** Wiener Hackenk., P. vienensis Heer. Flügeldecken stark und tiefverworren punktiert. Länglich, ziemlich flach, schwarz mit feinem, dichtem, gelblich grauem Seidenüberzug und längerer, schwarzer Behaarung. Süd- und Mitteldeutschland.

## Schlammknopfkäfer, Elmis Latr.

Körper klein, eiförmig, oben glatt, oder nur dünn und kurz behaart. Fühler elfgliedrig, gegen die Spitze hin fast unmerklich verdickt. Kopf von der Vorderbrust aufgenommen. Schildchen länglich. Im fließenden Wasser, wie die der vorigen Gattung.

Erzfarbener Schlammknopfk., E. aeneus Müll. Glänzendschwarz, Flügeldecken dunkel erzfarben, punktiert gestreift. Halsschild uneben, mit erhabenen Längslinien an der Seite des Rückens. 2 mm lang. In Bächen häufig, an den Wurzeln von Scrophularia aquatica, in welchen auch die Larve lebt.

## 21. Familie. Kammknopfkäfer, Heteroceridae.

Körper länglich mit einem Haarüberzug. Kopf vorgestreckt. Fühler elfgliedrig, kurz, die zwei ersten Glieder groß, dreieckig, lang behaart, die übrigen eine nach innen gesägte Keule bildend. Füße viergliedrig. Die einzige Gattung:

### Maulwurfskäfer, Sägekäfer, Heterocerus Fab.

Leben im Schlamme oder Sand, an Fluß- oder Seeufern; man drückt den Boden mit Hand oder Fuß zusammen, worauf sie aus ihren selbstgegrabenen Löchern kommen.

**Fig. 35.** Glatter Maulwurfsk., **H. laevigatus Pz.** Länglich, ziemlich flach, schwarz, fein grau behaart. Beine blaßgelb, Schenkelwurzel, Knie und Spitze der Schienen schwärzlich. Flügeldecken dicht punktiert mit gelblichen Streifen und Flecken. Über ganz Deutschland verbreitet.

Gerandeter Maulwurfsk., **H. marginatus Fab.** Ziemlich gewölbt, schwarz, fein braun behaart. Seitenrand des fein punktierten Halsschildes gelb. Flügeldecken an der Basis mit Spuren von rostgelben Streifen, auf der Schulter ein rostgelber, gekrümmter Flecken. 3—5 mm lang. Nicht selten, meist gesellig.

## 22. Familie. Schröter, Kammhornkäfer, Lucanidae.

Oberkiefer meist groß, geweihartig vorragend. Fühler gekniet, in einer Grube an der Seite des Kopfes eingefügt, mit einem langen Wurzelglied und mehreren kamm- oder sägeförmig erweiterten unbeweglichen Endgliedern. Bauchringe fünf. Die stattlichen Käfer fliegen namentlich des Nachts umher, und nähren sich von ausfließenden Baumsäften. Die engerlingsähnlichen Larven leben vom Mulme alter Bäume und bedürfen oft 2—3 Jahre zu ihrer Entwicklung.

## Hirschkammkäfer, Lucanus L.

Halsschild von den Flügeldecken durch einen kleinen Zwischenraum getrennt. Sechster Bauchring nicht sichtbar. Fühler mit vier nach innen kammförmig erweiterten Endgliedern. Oberlippe schmal, zwischen den Oberkiefern niedergebogen. Die letzteren groß, beim Männchen viel länger als der Kopf, beim Weibchen kürzer. Kopfrand die Hälfte der Augen durchsetzend.

## Tafel VII.

**Fig. 1.** Männchen, **Fig. 2.** Weibchen. Hirschkäfer, Feuerschröter, Hirschschröter, Lucanus cervus L. Der bekannte Käfer ist in der Größe sehr veränderlich und es kommen auch nur halb so große Individuen vor, die Varietäten L. dorcas Pz. und capreolus Sulz, welche wahrscheinlich durch schlechtere und mangelnde Nahrung der Larven entstehen. Die Larven leben im Mulme alter Eichen und werden mit dem eingehen derselben in manchen Gegenden immer seltener. Die Larve bedarf fünf Jahre zu ihrer Entwicklung.

## Rehkammkäfer, Platycerus Geoff.

Sechster Bauchring sichtbar, Augen ohne einspringenden Wangenrand. Die einzige Art:

**Fig. 3.** Laufkäferähnlicher Rehkammk., P. caraboides L., wechselt sehr in der Farbe, ist grün, blau, violett oder schwarz und unten dunkler. Die Larve lebt in Eschen, Kiefern und Buchen, und der Käfer ist schon im Herbste entwickelt, bleibt aber den ganzen Winter in seinem Puppenlager liegen, im Frühjahr befrißt er die Baumknospen. Häufig.

## Damkammkäfer, Dorcus Mac. L.

Sechster Bauchring nicht sichtbar. Augen vom Stirnrand fast ganz durchsetzt. Innerer Lappen der Unterkiefer beim Weibchen mit einem Hornhöckerchen. In Laubwaldungen.

**Fig. 4.** Balkenschröter, D. parallelepipedus L. Mattschwarz, Kopf und Halsschild fein und zerstreut punktiert. Larve in alten, kernfaulen Buchen und Nußbäumen. Häufig.

### Holzkammkäfer, Sinodendron Fab.

Halsschild genau an die Wurzel der Flügeldecken anschließend. Fühler kurz, mit dreigliedriger Keule. Oberkiefer kurz, nicht vorragend. Körper walzenförmig.

**Fig. 5.** Walzen-Holzkammk., S. cylindricum Fab. Glänzendschwarz, die Flügeldecken zuweilen bräunlich, schwarz, der Hinterleib oft braun. Halsschild mit abgerundeten Ecken, beim Weibchen vorn nur eingedrückt und schwach gezähnt. Kopfhorn beim Weibchen kurz und gerade. Larve in faulenden Baumstämmen, besonders Buchen, nicht selten.

## 23. Familie. Blatthornkäfer, Scarabaeidae. Lamellicornes.

Fühler kurz. Sieben- bis elfgliedrig, das erste Glied groß, die letzteren Glieder nach innen erweitert und eine fächerartig ausbreitbare Blätterkeule bildend. Beine sind Grabbeine. Eine große, durch Ansehnlichkeit, Schönheit und Farbenreichtum hervorragende Familie, die sich in einige leicht kenntliche Gruppen teilen läßt.

### Erste Gruppe. Mistkäfer, Coprophini.

Endknopf der Fühler mit drei bis sieben beweglichen Blättern, Oberlippe deutlich hervorragend. Flügeldecken den ganzen Hinterleib bedeckend. Käfer leben meist im Mist, ihre Larven oft sehr tief in der Erde.

### Stelzenpillenkäfer, Sisyphus Latr.

Körper rundlich; Fühler achtgliedrig, die Keule fast eiförmig, Halsschild groß, hinten gerandet, genau an die Flügeldeckenwurzel anschließend. Flügeldecken fast dreieckig. Schildchen nicht sichtbar. Vorderfüße ziemlich klein, hintere Füße lang. Die einzige deutsche Art:

**Fig. 6.** Pillendreher, S. Schäfferi L. Schwarz mit braunroten Tastern, braunen Fühlern mit schwärzlicher Keule. Leben auf Viehweiden im Kuh- und Schafsmist, formen aus denselben Kugeln, in welche das Weibchen seine Eier ablegt und welche sie bis zu einem geeigneten Ort fortwälzen. Nicht überall.

## Mistpillenkäfer, Copris Geoff.

Fühler neungliedrig, Kopfschild vorn tief gespalten. Augen unvollständig durchsetzt. Schildchen nicht sichtbar. Vorderschienen mit drei bis vier Zähnen am Außenrande, Hinterschienen bedeutend gegen die Spitze hin verdickt. Nur eine Art in Deutschland:

**Fig. 7.** C. lunaris L. Schwarz und glänzend. Weibchen mit einem kurzen, an der Spitze ausgerandeten Horn. Die kleinsten Männchen sind von den Weibchen fast nur durch ihr zugespitztes Kopfhorn zu unterscheiden. Überall in Deutschland auf Viehtriften und Weiden im frischen Kuhdünger.

## Kotpillenkäfer, Onthophagus Latr.

Kopfschild nicht oder leicht ausgerandet. Fühler neungliedrig. Füße fadenförmig, das erste Glied lang, gestreckt. Die mehr rundlichen, zahlreichen Arten halten sich oft in sehr großer Anzahl im Dünger auf, wo der Käfer seine Eier in einen von ihm geformten, eichelgroßen, länglichen Ballen legt, den er mehr oder weniger eingräbt. Die Entwicklung dauert drei Monate.

**Fig. 8.** Stier-Kotpillenk., O. taurus L. Halsschild an der Wurzel gerandet, ohne Fühlergruben. Das Männchen auf dem Scheitel mit zwei langen, krummen, gegen einander gebogenen Hörnern. Schwarz, manchmal auch bräunlich und gelblichbraun. In ganz Deutschland, in Waldgegenden an Rinderkot.

**Fig. 9.** Nashorn-Kotpillenk., O. nutans Fab. Dem vorigen ähnlich, Männchen mit einem nach vorn gebogenen Horn, Weibchen mit zwei Querleisten. Kopfschild vorn abgerundet. Halsschild sehr dicht körnig punktiert, vorn jäh abschüssig und beim Weibchen, wie auch bei den kleineren Männchen am oberen Rande des abschüssigen

Teiles mit zwei kleinen Höckern. Flügeldecken flach punktiert, gestreift. Im Kuhdünger, in manchen Gegenden etwas selten.

**Fig. 10.** Kuh=Kotpillenk., **O. vacca L.** Kopf und Halsschild grünlich glänzend. Flügeldecken rötlichgelb, fein grün gesprenkelt. Horn des Männchens an der Basis noch viel breiter, als bei dem vorigen. Weibchen nur mit zwei erhabenen Querleisten. Kleinere Männchen zeigen vorn auf dem Halsschilde in der Mitte des Abfalls zwei flache, oft undeutliche Höckerchen. Überall häufig.

**Fig. 11.** Nackenhornige Kotpillenk., **O. nuchicornis L.** Halsschild ganz schwarz. Flügeldecken bräunlichgelb, schwarz gesprenkelt. Kopfhorn des Männchen dünn und aufrecht. Weibchen mit zwei stark erhabenen Querleisten und einem Höcker in der Mitte des Halsschildes. Kleinere Männchen haben oft nur zwei Höckerchen auf dem Halsschild, ein kurzes Hörnchen oder nur einen stumpfen Höcker auf der Stirn. Ebenso häufig.

**Fig. 12.** Kamel=Kotpillenk., **O. camelus Fab.** Schwarz, behaart. Kopf mit zwei deutlichen erhabenen Querleisten, wovon sich die hintere beim Männchen in zwei Hörner endigt. Halsschild bei beiden Geschlechtern mit vier Höckern. April bis September, im Kuhmist, nicht überall.

**Fig. 13.** Schreiber's Kotpillenk., O. (Laccobius) Schreberi L. Schwarz, glänzend. Flügeldecken flach gekerbt, gestreift mit vier roten Flecken und roten Beinen. Halsschild an der Wurzel gerandet, auf der Unterseite mit rundlichen Gruben zur Aufnahme der Fühlerkeule. In vielen Gegenden häufig.

## Stinkpillenkäfer, Oniticellus Lep. u. Serv.

Körper länglich, eirund, Fühler achtgliedrig. Kopfschild vorn nicht ausgerandet. Augen vollständig in zwei Teile geteilt. Schildchen klein, oben deutlich. Halsschild groß, kreisrund, breiter als die schmalen Flügeldecken. Vorderschienen am Außenrand mit vier Zähnen. Lebensweise wie bei der vorigen Gattung.

**Fig. 14.** Gelbfüßiger Stinkpillenk., **O. flavipes Fab.** Länglich, flach gedrückt, gelb. Flügeldecken, Brust und Hinterleib braun gewölkt. Die Mitte des Halsschildes und der Kopf erzgrün.

Seitenrand des Halsschildes mit einem tiefen Grübchen jederseits. Ränder gelb. In Deutschland im Rinderkot gemein.

## Dungpillenkäfer, Aphodius Fab.

Körper länglich. Flügeldecken den ganzen Leib bedeckend. Kopf flach. Fühler neungliedrig, Hinterschienen mit zwei Enddornen. Leben meist im Dünger, einige auch in fetter Erde. Die Weibchen formen keine Kugeln und graben auch keine Gänge, sondern legen die Eier einfach in den Mist, wo sich die engerlingartige Larve eine Höhlung frißt.

**Fig. 15.** Herumschweifender Dungpillenk., A. erraticus L. Schwarz; Flügeldecken schmutziggelb, in der Mitte öfters mit einem trübbraunen schwärzlichen Flecken. Kopfschild halbkreisförmig, an der Wurzel deutlich gerandet, schwarz. Füße rot. Überall, nicht selten.

**Fig. 16.** Grab-Dungpillenk., A. fossor L. Länglich, hochgewölbt, schwarz, durch seine Größe mit keiner Art zu verwechseln. Flügeldecken, schwarz oder braunrot. Im Kuhmist, überall häufig.

**Fig. 17.** Rotafter, A. haemorrhoidalis L. Schwarz, glänzend. Flügeldecken stark gekerbt-gestreift, an der Spitze, oft auch an den Schultern blutrot. Nicht selten im Kuhdünger.

**Fig. 18.** Gemeiner Dungpillenk., A. fimetarius L. Flügeldecken rot, gekerbt-gestreift. Fühler rot mit rostgelber Keule. Halsschild am ganzen Seitenrande rot. Kopf mit drei deutlichen Stirnhöckern und vor diesen mit einer erhabenen, bei dem Männchen deutlichen, bei dem Weibchen undeutlichen Bogenlinie. Sehr gemein.

**Fig. 19.** Wolkiger Dungpillenk., A. inquinatus Fab. Flügeldecken graugelb mit dunkleren Zeichnungen. Schildchen und Halsschild zuweilen ganz schwarz, gewöhnlich aber an den Vorderecken, selten an den ganzen Seiten rotbraun. Fühlergeißel schwarzbraun. Hinterbrust des Männchen in der Mitte mit einer flachen, behaarten Grube. Beine rotbraun, die Schenkel an der Unterseite gelb. Überall gemein.

Gesprenkelter Dungpillenk., A. sticticus Pz. Etwas kleiner als der vorige, doch ihm sehr ähnlich, nur sind die Fühler gelb mit bräunlicher Keule, die Mittelbrust ist ungekielt und das Halsschild hat einen bräunlichgelben Seitenstreifen und in der Mitte desselben einen deutlichen Punkt. Bauchspitze und die Schenkel sind hellbraunrot, die Beine gelb. Ueberall häufig.

**Fig. 20.** Vierfleckiger Dungpillenk., A. quadrimaculatus L. Flügeldecken gekerbt-gestreift, schwarz mit vier roten Flecken. Beine schwarz mit braunroten Füßen, selten braun oder rotbraun. Nicht häufig.

Gewöhnlicher Dungpillenk., A. merdarius Fab. Flügeldecken lehmgelb, die Naht, der Außenrand an der Schulter und der ganze umgeschlagene Rand schwarz oder braun. Beine braun, die Enddornen der Vorderschienen des Männchens gebogen, beim Weibchen gerade. 3—4 mm lang. Im Rinder- und Menschenkot überall gemein.

Beschmutzter Dungpillenk., A. prodromus Brahm. Flügeldecken graugelb, jede in der Mitte mit großem, vorn verschmälerten Nebelflecken. Halsschild schwarz, an den Seiten rotgelb. Die Männchen mit glatten, die Weibchen mit behaarten Flügeldecken. 7 mm lang. Eine der gemeinsten und zugleich veränderlichsten Arten.

**Fig. 21.** Rotfüßiger Dungpillenk., A. rufipes L. Nach fossor die größte Art; schwarz, Hinterrand des Halsschildes, Mitte der Hinterbrust, Hinterleibsspitze, Fühlergeißel und Beine gelb. Überall gemein.

**Fig. 22.** Gewürfelter Dungpillenk., A. luridus Payk. Flügeldecken gegen die Spitze hin kurz und dünn behaart, bald schmutzig-graugelb mit schwarzen, bald schwarz mit gelben Linien und Strichen, bald auch einfach schwarz. Füße braunrot. Im Frühjahr überall.

Sand-Dungpillenk., A. arenarius Ol. Glänzendschwarz, selten braun. Kopf ungehöckert. Flügeldecken heller, oder dunkler braun, an der äußersten Spitze gegen die Naht schräg abgeschnitten. Fühler und Taster rötlichgelb, Beine braunrot. 2—3 mm lang. Überall nicht selten.

# Tafel VIII.

## Kugelgrabkäfer, Odontaeus Klug.

Körper kurz-eiförmig, Fühler elfgliedrig mit fast kugeligem, dreiblättrigem Endknopfe. Oberkiefer an der Spitze gezähnt. Unterkiefer mit zwei hornigen Lappen, der äußere schwach dreieckig, der innere mit zwei einfachen Hornhaken. Augen vom Wangenrande ganz durchgesetzt. Mittelbeine dicht beisammenstehend. Kopf des Männchen mit einem, sein Halsschild mit zwei Hörnern. Im Miste. Die einzige deutsche Art:

**Fig. 1.** O. mobilicornis Fab. Oben schwarzbraun oder gelbbraun. Fühler und Beine rötlichgelb. Kopf und Halsschild des Weibchen stärker, als bei dem Männchen, punktiert mit nur undeutlichen Erhabenheiten. Mehr in Gebirgsgegenden im Mist, überall selten.

## Roßkäfer, Mistgrabkäfer, Geotrupes Latr.

Körper oval und meist gewölbt. Fühler elfgliedrig. Das erste Glied lang mit einzelnen sehr langen Haaren besetzt. Die Keule eiförmig, dreiblättrig, bald vollständig durchblättert, bald das mittlere Blatt von den beiden anderen halb eingeschlossen. Augen vom Wangenrande ganz durchsetzt. Halsschild nur selten mit Höckern und Hörnern. Sehr häufig in allem Mist.

**Fig. 2.** Gehörnter Roßk., G. typhaeus L. Ziemlich flach gedrückt, tiefglänzend schwarz. Halsschild beim Männchen vorn mit drei nach vorn gerichteten Hörnern, beim Weibchen mit in eine Spitze ausgezogenen Vorderecken und einer beiderseits mit einem kleinem Höcker besetzten Querleiste am Vorderrand. Im Mai in waldigen Gegenden auf den Viehweiden im Kuhdünger, wo er runde senkrecht laufende Löcher gräbt, und seine Eier hineinlegt.

**Fig. 3.** Gemeiner Roßk., Mistk., G. stercocarius Fab. Schwarz, grün oder stahlblau, unten veilchenblau, jede Flügeldecke mit vierzehn fein punktierten Streifen, die Zwischenräume derselben kaum gewölbt. Oberkiefer mit gerandetem Außenrande, an der Spitze tief zweimal gebuchtet. Im Pferdemist sehr häufig.

**Fig. 4.** Veränderlicher Roßk., G. mutator Marsh. Dem vorigen in Farbe und Größe sehr ähnlich, aber die Flügeldecken mit achtzehn punktierten Streifen. Die Unterseite mit grünem Schimmer, nicht selten auch prächtig goldgrün. Ebenso häufig.

**Fig. 5.** Wald-Roßk., G. sylvaticus Pz. Gewölbt, oben schwarzgrün, selten mit blauem Schimmer, unten blau. Halsschild an der Wurzel vollständig gerandet. Flügeldecken schwach gestreift, die Zwischenräume fein gerunzelt. In Wäldern, im Miste und in Schwämmen.

**Fig. 6.** Frühlings-Roßk., G. vernalis L. Fast halbkugelförmig, oben schwarz mit schönem, blauem, grünem oder violettem Schimmer, unten blau. Halsschild an der Wurzel nur in der Mitte gerandet. Flügeldecken mit sehr feinen, undeutlichen Punktreihen. Zu Anfang des Frühling im Pferdemist sehr häufig.

## Erdgrabkäfer, Trox Fab.

Flügeldecken uneben, mit Höckerchen oder Haarbüscheln reihenweise besetzt. Fühler kurz. Halsschild uneben, am Seiten- und Hinterrande gefranzt. Hinterleib mit fünf Bauchhalbringen. Leben an trockenen Knochen, Hufen und anderen tierischen Überresten und bringen durch reiben des Hinterleibs gegen die Flügeldecken einen zirpenden Ton hervor.

**Fig. 7.** Gries-Erdgrabk., T. sabulosus L. Breit gewölbt, schwarz. Flügeldecken mit vier Reihen Haarbüscheln, die Zwischenräume mit vier feinen Streifen, welche in zwei Reihen stark in die Quere gerunzelt sind. In dürren, grobsandigen Gegenden, in Kehrichthaufen, in Haaren von Tierfellen und alten Knochen.

**Fig. 8.** Rauher Erdgrabk., T. scaber L. Grauschwarz, glanzlos, Flügeldecken nach hinten nur sehr wenig erweitert, mäßig gewölbt, deutlich gestreift mit sehr schwachen und größeren, rostroten Haarbüscheln. Nicht selten.

Geperlter Erdgrabk., T. perlatus Scrib. Breit, gewölbt, schwarz. Flügeldecken mit abwechselnden Reihen größerer und kleiner mit Borsten besetzten Warzen. Im südlichen und mittleren Deutschland.

## Zweite Gruppe. Maikäfer, Laubkäfer, **Melolonthini.**

Fühler sieben- bis zehngliedrig, die in eine Blätterkeule endigen und beim Männchen gewöhnlich größer als beim Weibchen sind. Das Kopfschild ist durch eine Naht von der Stirne getrennt. Klauen sind entweder einander gleich, oder die Hinterfüße tragen nur eine Klaue. Die Käfer leben auf Pflanzen und Bäumen und manche Arten erscheinen oft in sehr großen Massen und werden dem Forst- und Landwirte sehr schädlich, besonders richten die Larven derselben, welche von den Wurzeln der Pflanzen und Bäume leben, oft großen Schaden an.

### Hufscharrkäfer, **Hoplia Jll.**

Körper meist mit glänzenden Schüppchen bedeckt. Fühler neun- bis zehngliedrig mit dreiblättriger Fühlerkeule. Vorderfüße mit zwei ungleichen, die Hinterfüße mit nur einer Klaue, an den Vorderschienen zwei bis drei Zehen. Alle leben auf Blumen, besonders auf Dolden.

**Fig. 9.** Silbergrauer Hufscharrk., H. philanthus Sulz. Männchen zuweilen mit braunen, das Weibchen stets mit braunroten Flügeldecken, welche, wie der Kopf und das Halsschild, mit grauen und bläulichen Schüppchen bedeckt sind. Im Juni und Juli an Erlen und Weiden, besonders aber auf Spiraea Ulmaria, der Spierstaude.

**Fig. 10.** Wiesen-Hufscharrk., H. praticola Duft. Schwarz, gewöhnlich braun, Beine schwarzbraun oder rotgelb. Oberseite beim Weibchen ziemlich dicht, beim Männchen spärlicher beschuppt. Kopf und Halsschild mit langen, aufstehenden, rostroten Haaren ziemlich dicht bekleidet. Im südlichen Deutschland häufig, seltener im nördlichen. Ende Mai auf Wiesen schwärmend.

**Fig. 11.** Silberner Hufscharrk., H. farinosa L. Schwarz, oben grünlich beschuppt, mit einzelnen niederliegenden zerstreuten Börstchen besetzt. Fühler bei beiden Geschlechtern neungliedrig. Vorderschienen beim Männchen zwei-, beim Weibchen dreizähnig. Im südlichen, seltner im nördlichen Deutschland auf Spiraea, Liguster und Schirmblüten.

## Blütenscharrkäfer, Homaloplia Steph.

Vorderfüße kurz, kaum länger als die Schienen, Hinterfüße lang und schlank. Fühler neungliedrig mit dreiblättriger Keule. Bei den Männchen sind die Fühlerkeule und die Füße nur wenig länger als bei den Weibchen. Die einzige deutsche Art:

**Fig. 12.** H. ruricola Fab. Tief schwarz mit graugelber, beim Männchen auf Kopf und Halsschild schwarzer Behaarung. Flügeldecken dunkelrotgelb, alle Ränder schwarz gesäumt; öfters auch schwarz mit gelbem Schulterfleck, selten ganz schwarz. Im Sommer bei Tag auf Blüten, nicht häufig.

## Samtscharrkäfer, Serica Mac. L.

Alle Füße verlängert, länger als die Schienen. Fühler neun- bis zehngliedrig mit dreiblättriger Keule. Hinterhüften breit, schildförmig, die beiden ersten Bauchringe ganz, oder doch teilweise bedeckend. Füße und Fühlerkeule bei den Männchen länger. Die Käfer fliegen bei der Nacht.

Brauner Samtscharrkäfer, H. brunea L. Länglich gewölbt, rötlich-gelbbraun, Flügeldecken seicht gefurcht, die Furchen punktiert. Fühler neungliedrig. Halsschild zweimal so breit als lang, seine Oberfläche ziemlich stark, zerstreut punktiert. Überall in Deutschland; im Juni und Juli in Nadel- und gemischten Waldungen an Gras.

## Maikäfer, Melolontha Fab.

Fühler zehngliedrig, das dritte Glied verlängert, die Keule beim Männchen siebenblättrig, ziemlich groß, beim Weibchen sechsblättrig. Flügeldecken braun mit drei erhabenen Rippen. Hinterleib in eine kürzere oder längere Spitze ausgezogen. Leben auf Laubbäumen und erscheinen oft in sehr großen Massen.

**Fig. 13.** Gemeiner Maik., M. vulgaris L. Hinterleibsspitze breitlang, spatenförmig. Halsschild schwarz, seltner rotbraun. Die Käfer erscheinen im April und Mai in wärmeren Gegenden in drei, in kälteren in vier Jahren in großer Anzahl, wo sie bedeutenden Schaden an den Laubbäumen, besonders an den Rändern der Waldungen anrichten. Die als sog. Engerlinge bekannten und gefürchteten

Larven leben von den Wurzeln der Pflanzen und entwickeln sich erst in drei oder vier Jahren zu Käfern, die schon im Winter entwickelt sind und nur einen warmen Tag abwarten, um auszufliegen.

**Fig. 14.** Ahorn-Maik., M. pectoralis Fab. Hinterleibsspitze bei den Männchen dünn, allmählich verschmälert, beim Weibchen äußerst kurz, wenig bemerkbar. Fühler, Beine und Flügeldecken rötlich gelbbraun. Behaarung ähnlich wie bei vulgaris. Die Varietät albida Er. mit weiß bestäubten Flügeldecken unterscheidet sich von der ebenfalls weiß bestäubten Varietät von vulgaris durch die Hinterleibsspitze. Viel seltener. Östreich, Württemberg.

**Fig. 15.** Roßkastanienkäfer, M. hippocastani L. Hinterleibsspitze kurz, spitz, plötzlich abgesetzt. Halsschild meist rot. In der Lebensweise und Larvenzustande dem vorigen fast gleich, erscheint aber etwas früher und fehlt manchen Gegenden ganz.

## Tiger-Laubkäfer, Polyphylla Harr.

Flügeldecken glatt, braun und weiß gesprenkelt. Fühlerkeule beim Männchen sehr groß, siebenblättrig, beim Weibchen klein, fünfblättrig. Die einzige deutsche Art:

**Fig. 16.** Walker, Tiger, P. fullo L. Dunkler, oder heller, zuweilen fast schwarz, gefleckt, Flügeldecken dicht, weiß schuppenartig behaart. Brust dicht grauzottig, Bauch mit kurzen dichten, anliegenden Filzen bedeckt. In manchen Gegenden Deutschlands selten, in anderen besonders sandigen, im Juli sehr häufig an Laub- und Nadelholz, namentlich aber auf Föhren. Die Larve nährt sich von Graswurzeln.

## Laubscharrkäfer, Anoxia Lap.

Fühler zehngliedrig, das dritte Glied verlängert, ihre Keule bei dem Männchen fünfblättrig, länglich und schmal, bei den Weibchen vierblättrig, klein und eirund. Die dem Maikäfer sehr ähnlichen Arten schwärmen am Abend und gehören mehr dem Süden an.

Zottiger Maikäfer, A. villosa Fab. Schwarz, schwärzlich, oder gelblichbraun, Kopf und Schildchen dicht weißlich behaart. Halsschild mit kurzen, anliegenden, bräunlichen Härchen dünn, die

Flügeldecken ziemlich dicht bekleidet. Unterseite in eine lange, dichte, abstehende, weißlich wellige Behaarung gehüllt. Mehr im südlichen Deutschland, fehlt vielen Gegenden.

## Tafel IX.

### Rainscharrkäfer, Rhizotrogus Latr.

Hinterleibsspitze nicht ausgezogen. Fühler neun- bis zehngliedrig, drittes und viertes Glied ziemlich gleich groß, die Keule dreiblättrig, beim Männchen länger. Fußglieder unten mit einer Reihe kurzer Borsten. Die Käfer leben bei Tage verborgen an Wurzeln unter Moos und schwärmen des Abends umher.

**Fig. 1.** Junikäfer, Brachkäfer, Johanniskäfer, Rh. solstitialis L. Flügeldecken dunkelbraun, grau behaart mit drei schwachen Längsstreifen. Afterdecke mit feinen Körnchen bedeckt, bald braun mit zwei länglichen gelben Flecken, bald gelb mit braunen Mittelstreifen, bald ganz gelb. Fühler neungliedrig. Erscheint im Juni und Juli Abends von 7 Uhr an, und schadet besonders in einem Maikäferjahr darum bedeutend, weil er die Zerstörungen seiner Vorgänger fortsetzt. Die Larven leben wie die des Maikäfers, nur sind sie kleiner und schwer von den halberwachsenen Engerlingen zu unterscheiden.

**Fig. 2.** Brauner Rainscharrk., Rh. fuscus Scoph. (ater Herbst). Länglich, gewölbt, das Männchen glänzend schwarz mit braun-roten Fühlern, dunkelbraunen Flügeldecken und langer aufrechter, gelblichgrauer Behaarung des Kopf- und des Halsschildes. Weibchen stärker gewölbt, rötlichgelb mit blaßgelben Flügeldecken und kurzer Behaarung des Kopfs und des Halsschildes. Im südlichen Deutschland von Abends 8—10 Uhr schwärmend.

**Fig. 3.** Frühlings-Rainscharrk., Rh. aestivus Ol. Länglich oval, flach gewölbt, rötlich-gelbbraun. Die Scheibe des Halsschildes und ein breiter Streifen längs der Naht, oder die ganzen Flügeldecken dunkler, Beine blaß-gelb-braun. Brust dicht zottig, der Bauch sehr spärlich behaart, oft fast kahl. Hintere Schenkel und der Bauch beim Männchen stachelborstig. Fühler zehngliedrig. Im ganzen südlichen und mittleren Deutschland im April und Mai am Abend herumfliegend.

**Fig. 4.** Ähnlicher Rainscharrk., Aprilkäfer, Rh. assimilis Herbst. Länglich, fast walzenförmig, rotgelb oder braunrot, bald mit helleren gelben, bald mit dunkleren braunen Flügeldecken, jede mit drei, meist sehr undeutlichen erhabenen Längslinien. Hinterleib sehr fein gelb behaart. Im südlichen und mittleren Deutschland an den Juniabenden, besonders auf trockenen Waldwiesen herumfliegend.

## Dritte Gruppe. Glanzlaubkäfer, Rutelini.

Klauen der Füße ungleich. Fühler neungliedrig, mit dreiblättriger, dicht schließender Keule. Kopfschild durch eine feine Naht von der Stirne abgesetzt. Bauchringe sechs. Afterdecke von den Flügeldecken nicht bedeckt. Käfer von mittlerer Größe, welche auf Blumen und Laub leben und auch öfters in größeren Mengen schädlich auftreten.

### Heckenscharrkäfer, Anisoplia Serv.

Körper kurz, von oben flach gedrückt. Kopfschild nach vorn allmählich verengt und am Rande aufgebogen. Beine sehr kräftig. Klauen an den Hinterfüßen einfach, an den vorderen Füßen die größere immer an der inneren Seite gespalten. Auf Gräsern und besonders gern auf Getreide.

**Fig. 5.** Feld-Heckenscharrk., A. agricola Fab. Ziemlich oval, schwach gewölbt, dunkel metallgrün mit langen, abstehenden Haaren. Kopf und Halsschild sehr dicht punktiert. Flügeldecken braun mit verschiedenen schwarzen Flecken, manchmal einfach braun oder schwärzlich. Mehr im südlichen Deutschland, Östreich auf Kornähren, welchen sie durch Abfressen der Blüten nachteilig werden.

### Gartenscharrkäfer, Phyllopertha Kirby.

Kopfschild vorn nicht zugespitzt und nicht aufgebogen. Hinterschenkel einfach, nicht verdickt. Beine ziemlich schwach, die größere Klaue entweder an den vier vorderen oder an allen Füßen an der Spitze gespalten. Leben auf Blüten und die Larven im Boden.

**Fig. 6.** Rosenkäferchen, Johanniskäferchen, Gartenkäfer, Weinblattkäfer, Ph. horticola L. Ziemlich flach gedrückt, schwarz oder grau behaart. Flügeldecken rötlichbraun, seltener an der Naht, oder an den Rändern dunkler, ganz pechbraun oder bläulich-schwarz. Unterseite schwarz, dichter als die Oberseite behaart. Im Juni und Juli häufig in Gärten und Wäldern an Rasen und Weiden.

## Strauchscharrkäfer, Anomala Sam.

Körper gewölbt. Fühler neungliedrig mit dreiblättrigem Endknopfe bei beiden Geschlechtern, der des Männchen größer. Hinterschenkel erweitert. Hinterbeine kräftig. Klauen an den vier vorderen Füßen alle einfach. Die Käfer leben vorzugsweise vom Laube.

Weinstockscharrk., A. aenea Deg. (Frischi Fab. vitis Fab.) Flügeldecke und Halsschild verschieden gefärbt, grün, blaugrün, blau oder gelbbraun mit grünen Schildchen und Halsschild. Fühler rötlichgelb oder ebenso mit schwarzer Keule. Über ganz Deutschland verbreitet, doch nicht häufig auf Laubholzgebüschen, in südlichen Gegenden am Weinstock häufig auftretend.

## Vierte Gruppe. Königskäfer, Dynastini.

Vorderhüften quer, in den Gelenkhöhlen eingeschlossen. Fühler zehngliedrig. Die Männchen besitzen oft hornartige Fortsätze des Kopfes und des Halsschildes. Bei uns nur durch zwei Arten vertreten.

## Erdscharrkäfer, Oryctes Jll.

Oberkiefer ungezähnt, Hinterschienen an der Spitze ungezackt. Meist große Käfer, welche im Süden mehr vertreten sind. Die einzige deutsche Art:

**Fig. 9.** Nashornkäfer, Lohkäfer, O. nasicornis L. Männchen mit einem kürzeren oder längeren, zurückgebogenen Horne, Weibchen mit einem hornartigen Höcker auf dem Kopfschild; das Halsschild hat bei ersterem einen mit drei Spitzen endenden Kamm, bei letzterem eine gebogene Leiste. Seine großen, dicken Engerlinge leben in Lohe, in Mistbeeten und hohlen Bäumen. Die Käfer fliegen des Abends.

## Fünfte Gruppe. Blumenkäfer, Cetonini.

Körper mehr oder weniger flach gedrückt. Fühler zehngliedrig mit dreiblättrigem Endknopfe. Flügeldecken den Hinterleib nicht ganz bedeckend. Klauen einfach und gleich. Bauchringe sechs, länger oder ebenso lang als Vorder- und Mittelbrust zusammen. Die meist glänzenden Käfer leben auf Blumen, die Larven in der Erde, oder in faulenden Pflanzen.

### Goldkäfer, Cetonia Fab.

Körper gewöhnlich kahl, glänzend, zuweilen dünn und fein oder auch dicht und lang behaart. Halsschild fast dreieckig, nach vorn stark verengt, hinter dem großen, länglichen dreieckigen Schildchen ausgebuchtet. Mittelbrust nach vorn in einen kurzen, stumpfen, oft ganz knopfförmigen Fortsatz vortretend. Beine kräftig, fast plump, die Vorderschienen außen dreizähnig. Auf Blumen. Ihre engerlingsartigen Larven manchmal auch in den Nestern der großen Waldameise, sonst meist in hohlen Bäumen.

**Fig. 7.** Gesprenkelter Blumenkäfer, C. (Oxythyrea Muls) stictica L. Flügeldecken und Afterdecke weiß gefleckt. Brustseiten und Schenkel lang und dicht behaart. Hinterleib mit dünnen anliegenden weißen Härchen, beim Männchen mit einer Längsreihe weißer Flecken vom ersten bis vierten Ring, beim Weibchen ungefleckt. Mehr im südlichen Deutschland, im Mai auf Blumen.

**Fig. 8.** Rauher Blumenkäfer, C. (Tropinota Muls) hirtella L. Dicht und lang behaart. Flügeldecken jede mit fünf eingegrabenen längeren oder kürzeren Doppelstreifen und einer wulstigen Wölbung. Zuweilen sind die Haare abgerieben, und er ist oben kahl, schwarz und blaß gefleckt. Verbreitet, schon im ersten Frühjahr auf blühenden Weiden und Löwenzahn. Schadet auch manchmal den Blumen in den Gärten.

**Fig. 10.** Gemeiner oder kleiner Goldkäfer, C. aurata L. Kopfschild vorn etwas ausgerandet, verschieden grün, goldglänzend, Unterseite kupferrotglänzend. Neben der Naht jederseits eine erhabene Linie. Fast überall. Käfer Mitte Mai auf Blüten und am ausfließenden Baumsaft. Larven im faulen Holze der Laubbäume, manchmal auch bei Ameisen.

**Fig. 11.** Ähnlicher Goldkäfer, C. affinis Andersch. Länglich eirund. Flügeldecken einfarbig grün, stark glänzend. Halsschild in der Mitte platt, an den Seiten fein punktiert. Fortsatz der Mittelbrust nach vorn vortretend, stark erweitert, vorn abgerundet. Mehr in Süddeutschland, im Juni und Juli am ausfließenden Safte von Weiden und an den schwammigen Stengel-Gallen von jungen Eichen.

**Fig. 12.** Marmorierter Goldkäfer, C. marmorata Fab. Kopfschild vorn leicht ausgerandet. Oberseite dunkel bronzefarbig mit weißen unregelmäßigen Wellenzeichnungen. Brust und Seiten der Bauchringe gelb behaart. Käfer im August am Saft von Weiden und Eichen, überwintert und erscheint wieder im Frühjahr. Larven in hohlen Bäumen und auch bei Ameisen.

**Fig. 13.** Dunkler Goldkäfer, C. floricola Herbst. (metallica Fab.) Kopfschild vorn nicht oder wenig ausgerandet. Oberseite verschieden grün bis bräunlich, mit oder ohne weißliche Wellenzeichnungen, aber matter glänzend als aurata. Unterseite immer dunkler und neben der Naht keine erhabene Linie. Käfer anfangs Juni an Eichen, fast überall. Larven auch in Ameisenhaufen.

**Fig. 14.** Großer oder prachtvoller Goldkäfer, C. fastuosa Fab. speciosissima Scop. Oval und meist größer als affinis. Flügeldecken einfarbig grün, sehr glänzend, Nahtwinkel an der Spitze vorragend. Fortsatz der Mittelbrust vorn abgerundet. Nicht häufig, im Spätsommer vorzüglich auf Eichen, deren Saft er leckt. Larven in hohlen Bäumen bei Ameisen.

## Eremitenscharrkäfer, Osmoderma Lepell. u. Serv.

Kopf frei, Kopfschild vorn leicht ausgerandet, hinten mit zwei Höckern. Die Hüften der Hinterbeine sind einander gezähnt. Halsschild und Schildchen gefurcht. Die einzige Art:

**Fig. 15.** Eremit, Einsiedler, Pinselkäfer, O. eremita L. Pechschwarz, ins metallisch-rötliche ziehend. Männchen mit einem hoch gerandeten, Weibchen mit einem ungerandeten Kopfschild. Der nach Juchten riechende Käfer Ende Juni und im Juli an Laubbäumen. Larven oft gesellig in hohlen Bäumen, besonders in Äpfelbäumen.

## Knappscharrkäfer, Gnorimus Lepell. u. Serv.

Kopf frei. Kopfschild viereckig, vorn ausgerandet. Halsschild nach vorn verengt mit fast abgerundeten Hinterecken. Schildchen sehr stumpf dreieckig. Flügeldecken breiter als das Halsschild, zusammen fast so breit als lang. Auf Blüten und Baumstämmen.

**Fig. 16.** Edler Knappscharrk., G. nobilis L. Glänzend, unten kupferrot, oben goldgrün, häufig mit kupferrotem Schein. Halsschild mit feiner Längslinie. Brust, und beim Weibchen auch der Bauch, grau zottig behaart. Afterdecke beim Männchen gewölbt, bei den Weibchen nahe an der Spitze mit zwei starken, durch einen Eindruck getrennten, Beulen. Im Mai und Juni auf Blüten, besonders auf Hollunder und Spierstauden nicht selten. Larven in faulen Laubhölzern.

## Blütenscharrkäfer, Trichius Fab.

Kopf frei. Kopfschild nach vorn etwas verschmälert, vorn leicht ausgerandet. Halsschild und Brust zottig behaart. Flügeldecken kaum länger als breit, gelb mit schwarzer Zeichnung. Käfer auf Blüten, Larven in alten Pfosten und faulenden Laubbäumen.

**Fig. 17.** Gebänderter Blütenscharrk., T. fasciatus L. Flügeldecken schwach gestreift, samtartig matt mit feinen weißlichen Haaren; entweder schwarz mit zwei an der Naht vereinigten, gelben Binden, oder gelb mit schmalem, schwarzem Saume am Außenrande und an der Naht, und drei schwarzen Binden. Nicht selten, auf blühenden Sträuchern und Schirmpflanzen, Umbelliferen. Larven in alten Laubbäumen und altem Bauholz.

## Bohrscharrkäfer, Valgus Scriba.

Kopf von einer Grube der Vorderbrust aufgenommen. Flügeldecken kurz, die zwei letzten Hinterleibsringe nicht bedeckend. Letzter Bauchring bei den Männchen in einem langen Legestachel verlängert. Körper beschuppt. Auf Blüten.

**Fig. 18.** Halbgeflügelter Bohrscharrk., V. hemipterus L. Schwarz, glanzlos, das Halsschild mit einer Rinne, nebst den Flügeldecken schwarz und weiß beschuppt. Männchen mit zwei schwarzen Flecken an der Basis der Afterklappe, Weibchen fein grau beschuppt mit einem langen wagerechten Stachel. In ganz Deutschland anfangs Mai auf Blüten und schäumenden Obstbaumgeschwüren, Larven in Zaunstücken und Wurzeln kranker Zwetschenbäume.

## 24. Familie. Prachtkäfer, Buprestidae.

Fühler elfgliedrig, fadenförmig, oder gezähnt. Mittelbrust mit einer Aushöhlung, in welche ein Fortsatz der Vorderbrust paßt. Hinterecken des Halsschildes stumpf, oder rechtwinklig. Schnellkraft fehlt. Bauch aus fünf Ringen zusammengesetzt, die vorderen Ringe mehr oder weniger verwachsen. Die langen, mit einem dicken Kopfe versehenen Larven befinden sich im Holze oder Pflanzenstengeln. Die Käfer am Holz; dieselben fliegen in der Mittagshitze.

## Tafel X.

### Erzprachtkäfer, Chalcophora Solier.

Vorderbrust flach mit zwei Furchen. Halsschild vorn verengt, unten am breitesten, mit fast geraden Seiten und rechtwinkeligen Hinterecken. Flügeldecken etwas breiter als das Halsschild, ziemlich flach. Fühler nach innen stumpf gesägt. Die einzige deutsche Art:

**Fig. 1.** Großer Erzprachtk., Ch. Mariana L. Kupferglänzend, unten fast goldglänzend, bei frischen Exemplaren bestäubt, Halsschild und Flügeldecken mit unregelmäßigen, erhabenen Längslinien. In den Kiefernwäldern auf Sandboden. Larve in alten Kiefernstöcken.

### Spitzprachtkäfer, Dicerca Eschsch.

Beträchtlich gewölbt. Halsschild uneben. Flügeldecken in einer geschweiften Linie verengt, das Ende mehr oder weniger lang ausgezogen. Die Spitze selbst abgestutzt, meist zweizähnig. Bauchring beim Männchen tief ausgerandet und jederseits gezähnt, beim Weibchen scharf dreizähnig. In Waldungen auf gefälltem Holz.

**Fig. 2.** Berliner Prachtk., D. berolinensis Fab. Kupferglänzend, oben grün schimmernd. Halsschild punktiert, an den Seiten etwas gerunzelt. Flügeldecken dicht punktiert mit zerstreuten, erhabenen, dunkleren Flecken. In Gebirgsgegenden und Buchenwäldern an alten Stöcken, in welchen auch die Larve lebt.

## Glühprachtkäfer, Lampra Spin.

Seitenrand der Flügeldecken gegen die Spitze mehr oder weniger scharf gezähnt. Vorderbrust nach hinten plötzlich abgesetzt, verengt. Halsschild in der Mitte gleich breit. Fühler nach innen gesägt. Käfer an Stämmen, oder an Blättern.

**Fig. 3.** Goldgeränderter Glühprachtk., L. rutilans L. Grün, oder goldgrün. Flügeldecken klein, schwarz gefleckt. Kopf und das mit goldfarbigem Seitenrande versehene und seitwärts schwarz gefleckte Halsschild grob punktiert. Im südlichen Deutschland auf Erlen und besonders an Linden, wo er sich anfangs Juni vormittags durch querovale Löcher ausgräbt.

## Buntprachtkäfer, Buprestis L. Ancylocheira Eschsch.

Seitenrand der Flügeldecken gegen die Spitze ungezähnt. Halsschild am Grunde am breitesten, nach vorn verengt, mit geraden Seiten. Schildchen klein und rundlich. Vorderbrust schmal gefurcht, an den Seiten flach gewulstet, hinten scharf zugespitzt. Im Sonnenschein an Stämmen und gefälltem Holze.

**Fig. 4.** Ländlicher Buntprachtk., B. rustica L. Variiert vielfach, gewöhnlich blaugrün, doch auch erzfarben, grün, oder blau. Unterseite kupferig, weiß behaart. Hier und da ist der letzte Bauchring, die vorderen Ecken des Halsschildes und die Stirne gelb gefleckt. In Nadelwäldern nicht selten. Larve in Kiefernholz.

**Fig. 5.** Gelbgefleckter Buntprachtk., B. flavomaculata Fab. Braun, oder schmutzig-grün, metallisch-glänzend, unten grau behaart, oben weiß bestäubt. Flügeldecken mit drei oder vier sehr veränderlichen, öfters zusammenfließenden Flecken. Halsschildränder und einige Zeichnungen auf der Stirne gelb. Brust und Bauchseiten mit roten Flecken. Ziemlich selten in Wäldern. Larve in Kiefern.

## Putzprachtkäfer, Chrysobothris Eschsch.

Halsschild am Hinterrande beiderseits stark ausgebuchtet, viereckig. Flügeldecken oval, hinter der Mitte in flacher Rundung verengt mit abgerundeter Spitze, an den Seiten ziemlich gerade, der Hinterrand beiderseits stark ausgebuchtet. Im Sonnenschein auf Hölzern.

**Fig. 6.** Goldfarbiger Putzprachtk., Ch. chrysostigma Fab. Purpur-metallisch. Hinterleib mit grüner Mitte. Flügeldecken dunkelbraun mit zwei oder vier kupferglänzenden Gruben, welche in den drei erhöhten Linien liegen, und diese unterbrechen. Mitte Juli an Stöcken. Larve in Eichen oder Kiefernholz. Selten.

## Schönprachtkäfer, Anthaxia Eschsch.

Meist kleine, metallisch-gefärbte Käferchen, deren Halsschild am Hinterrande beiderseits stark ausgebuchtet ist. Flügeldecken ziemlich flach, meist parallel, oder mit leicht gerunzelten Seiten, hinten mehr oder weniger zugespitzt oder zugerundet. Auf Blüten und an Holzstämmen.

**Fig. 7.** Weiden-Schönprachtk., A. salicis Fab. Flach, blau oder grün, Halsschild mit zwei großen dunkelblauen Flecken. Flügeldecken kupfergolden mit einem gemeinschaftlichen grünen oder blauen, dreieckigen Flecken. Im Mai, mehr in Süddeutschland, auf Blumen. Larve in Zäunen von Hainbuchen, aus denen der Käfer in Mehrzahl herausgeschnitten werden kann.

Glänzender Schönprachtk., A. candens Pz. Der vorigen Art sehr ähnlich, aber größer, Körper blau, Flügeldecken mit einem breiten rotgoldenen Saume. Halsschild mit zwei blau-schwarzen Streifen. Sehr selten an Obstbäumen, besonders an abgestandenen Kirschen- und Zwetschenbäumen mit noch ziemlich frischer Rinde. Meist an der Südseite.

**Fig. 8.** Mattglänzender Schönprachtk., A. nitidula L. Ziemlich lang gestreckt, das Männchen ganz grün, oder goldgrün, das Weibchen mit purpur-goldenem Kopfe und Halsschild und mit grünen oder blauen Flügeldecken, Halsschild doppelt so groß, als lang. Häufig auf Blüten; besonders von Rosen, Wucherblumen und Löwenzahn.

## Blütenprachtkäfer, Coraebus Lap.

Körper länglich. Schildchen eben, an der Basis breit, länglich viereckig, am Ende plötzlich und scharf zugespitzt. Vorderbrust entweder abgestutzt oder in einem Fortsatze vortretend. Halsschild breiter, als lang, sein Hinterrand beiderseits tief ausgerandet, vor dem Schildchen bogig vortretend. An Waldrändern, an Eichen.

**Fig. 9.** Wellenförmig gebänderter Blütenprachtk., C. undatus Fab. Erzfarben, runzlig punktiert, Flügeldecken hinten dunkler, etwas behaart mit drei schmalen, stark gezackten Binden. Selten an treibenden Eichen. Meist an alten Bäumen, welche der Sonne stark ausgesetzt sind. Verbirgt sich gern in den Ritzen der Eichen und ist deshalb oft schwer zu sehen. Larve in Eichen in der Rinde und im Splint.

## Heckenprachtkäfer, Agrilus Solier.

Körper sehr lang gestreckt. Schildchen mit einer Querleiste. Vorderbrust breit, flach nach vorn in einem den Mund zum Teil bedeckenden Fortsatz verlängert. Flügeldecken lang, in der Mitte erweitert, dann allmählich nach hinten zugespitzt. Erscheinen im Juni und Juli und treiben sich auf den Blättern der Nahrungspflanzen herum.

**Fig. 10.** Doppeltpunktierter Heckenprachtk., A. biguttatus Fab. Flügeldecken am Ende abgerundet. Grün oder blau mit zwei scharf begrenzten weißen Flecken. Nicht selten Ende Mai. Larve in der Rinde frisch gefällter Eichenstumpen. Tritt manchmal sogar schädlich auf.

**Fig. 11.** Pupurroter Heckenprachtk., A. sinuatus Ol. Unten olivengrün, metallglänzend, Kopf und Brustschild kupferfarben. Flügeldecken dunkel-purpurrot mit einem länglichen, nach hinten spitzen, öfters ganz fehlenden Fleck weißer Haare. 8—9 mm lang. Verbreitet auf jungen Eichenstockausschlägen und auf Weißdornblüten.

## Zwergprachtkäfer, Trachys Fab.

Halsschild nach vorn verengt, Flügeldecken dreieckig. Fühler kurz, die zwei ersten Glieder verdickt, die vier folgenden dünner, die fünf letzten plötzlich stumpf, sägeförmig erweitert. Die meist sehr kleinen Arten leben auf den Blättern ihrer Nahrungspflanzen, die Larven minieren in den Blättern.

**Fig. 12.** Kleiner Zwergprachtk., **T. minuta L.** Schwarz, metallisch, meist blau schimmernd, sehr spärlich behaart. Flügeldecken mit vier wellenförmigen Binden. Häufig auf Salweiden, in deren Blätter die Larve in brauner, das halbe Blatt einnehmender Mine wohnt.

## 25. Familie. Klimmkäfer, Eucnemidae.

Den Springkäfern in Gestalt ähnlich, haben jedoch keine, oder nur geringe Sprungfähigkeit. Vorderbrust hinten mit einem Fortsatze, der in eine Aushöhlung der Mittelbrust paßt. Fühler elfgliedrig, gesägt oder gekämmt; selten mit drei größeren Endgliedern. Bauch aus fünf Ringen zusammengesetzt. Leben in altem, morschem Holze, die meisten scheinen lichtscheu und nächtlich zu sein.

### Schienenklimmkäfer, Tharops Lap.

Beine schlank, drehrund. Erstes Fühlerglied lang, zweites klein, drittes mehr als doppelt so lang, viertes bis elftes bei dem Männchen mit langen, schlanken, gleichlangen Ästen versehen, beim Weibchen gekämmt. Halsschild walzenförmig, seine Unterseite ohne Fühlerrinnen. Flügeldecken lang, walzenförmig. Die einzige deutsche Art:

**Fig. 13.** Buchen-Schienenklimmk., **Th. melasoides Lap.** Pechschwarz, gelbgrau behaart. Füße rötlich-gelbbraun. Beine braun. Flügeldecken sehr fein gestreift, dicht und feinkörnig punktiert. Mitte Juni in der Mittagshitze auf Büschen. Larven in abständigen Buchen und in altem Holz in Magazinen.

### Deckklimmkäfer, Eucnemis Ahrens.

Körper länglich, walzig. Fühler vom vierten Glied an tief, aber stumpf gesägt, das erste Glied groß, walzenförmig, das zweite sehr klein, das dritte größer. Halsschild am Grunde wenig breiter als lang, nach vorn etwas verengt, seine Unterseite mit einer tiefen Furche zur Aufnahme der Fühler. Die einzige deutsche Art:

**Fig. 14.** Brauner Deckklimmk., E. capucina Ahrens. Länglich oval, fast walzenförmig. Schwarz, Fühler und Beine pechbraun, Füße rötlich. Halsschild vor dem Hinterrande der Quere nach mäßig tief und vor dem Schildchen dreieckig eingedrückt. Flügeldecken mit schwachen Spuren von Streifen. Selten in alten Eichen und Buchen.

## 26. Familie.

# Schnellkäfer, Springkäfer, Elateridae.

Körper länglich, nach hinten meist verengt. Fühler elfgliedrig, gezähnt, gekämmt oder fadenförmig. Hinterecken des Halsschildes mehr oder weniger in einen spitzen Dorn ausgezogen. Vorderbrust vorn gelappt, hinten mit einem Fortsatze, der in eine Aushöhlung der Mittelbrust paßt. Bauch aus fünf Ringen zusammengesetzt. Die Käfer besitzen vollständige Sprungfähigkeit, das heißt, sie vermögen sich, auf den Rücken gelegt, hoch in die Luft zu schnellen.

### Schuppenschnellkäfer, Adelocera Latr.

Fühlergruben bis an die Vorderhüften reichend. Fühler kürzer als das Halsschild, nach innen gesägt; das zweite Glied klein, die folgenden breiter als lang, und dreieckig. Halsschild länger als breit, mit scharfkantigem Seitenrande. Flügeldecken mäßig lang gestreckt, auf dem Rücken meist niedergedrückt. Im faulen Holze und unter Rinden.

**Fig. 15.** Gebänderter Schuppenschnellk., A. fasciata L. Schwarz mit gelben, goldglänzenden Schüppchen ziemlich dicht bedeckt, und gelblich-weiß gesprenkelt und gefleckt, besonders der größte Teil des Halsschildes und eine zackige Binde hinter der Mitte der Flügeldecken. Selten in Tannenwäldern unter der Rinde.

### Grauschnellkäfer, Lacon Germar.

Fühlergruben nicht bis ganz an die Vorderhüften reichend. Fühler so lang als das Halsschild, zweites bis drittes Glied klein, kugelig, das vierte viel breiter und doppelt so lang als das dritte, die folgenden breit dreieckig, das letzte eiförmig. Halsschild breiter als lang mit kurzen, abgestumpften Hinterecken. Flügeldecken flach gewölbt, länglich-eiförmig. Die umgeschlagenen Ränder des Halsschildes klaffen nach vorn und bilden so tiefe, nach hinten geschlossene, Fühlergruben. Auf Blumen und blühenden Gesträuchen.

**Fig. 16.** Gewöhnlicher Grauschnellk., L. murinus L. Schwarz oder dunkelbraun, überall mit dichter anliegender, grau und hellbraun, auch weiß marmorierter Behaarung bekleidet. Flügeldecken fein gestreift. Gemein auf Blüten, Larven im Moos.

## Rindenschnellkäfer, Elater L. Ampedus Germ.

Die Nähte der Vorderbrust bilden vorn deutliche Ansätze zu Fühlergruben. Fühler vom vierten, selten vom dritten Gliede an gezähnt, das zweite klein, das dritte wenig kleiner, die folgenden dreieckig, das letzte ohne abgesetzte Spitze. Halsschild so lang, oder länger als breit, nach vorn verengt. Flügeldecken so breit als das Halsschild. Auf Blüten, Larven im Holze.

**Fig. 17.** Gemeiner roter Rindenschnellk., E. sanguineus L. Schwarz. Flügeldecken scharlachrot, schwarz behaart. Halsschild ziemlich gleichmäßig punktiert. Häufig, schon im März in Kiefernstöcken, in denen die langen, harten Larven leben. Dem vorigen sehr ähnlich ist lythropterus Germ., nur ist die Behaarung rotbraun.

**Fig. 18.** Schwarz-spitziger Rindenschnellk., E. praeustus Fab. Kleiner wie die vorigen, Flügeldecken rot mit schwarzer Spitze. Selten. Mai bis August. Larve in Eichenstöcken.

## Herzschnellkäfer, Cardiophorus Eschsch.

Schildchen herzförmig, Bruststachel sehr kurz und dick. Fühler mäßig scharf, bisweilen stumpf gesägt. Das zweite Glied kleiner als die folgenden. Halsschild stark kissenartig gewölbt, die Seiten leicht gerundet und meist nur am Grunde scharfkantig. Flügeldecken so breit, oder etwas breiter als das Halsschild. Auf Blüten, Larven im Holze.

**Fig. 19.** Rotschildiger Herzschnellk., C. thoracicus Fab. Schwarz, dünn weißlich behaart, das Halsschild ganz hellrot. Nicht selten, Larve in Laubbäumen.

Rothalsiger Herzschnellk., C. ruficollis L. Etwas kleiner wie der vorige, Halsschild korallenrot, der Hinterrand und das vordere Drittel schwarz. In Kiefernwäldern häufig. Larven in Kiefern.

## Düsterschnellkäfer, Melanotus Eschsch.

Schildchen länglich viereckig. Fühler gezähnt. Zweites und drittes Glied viel kleiner als die übrigen, rundlich. Stirn vorn in flachen Bogen abgestutzt. Halsschild nach vorn allmählich verengt, die Seiten scharfkantig und gerandet. Flügeldecken lang, vorn breiter. Auf Blüten. Larven im Holze alter Bäume, in welchen man die Käfer oft in Menge antrifft.

**Fig. 20.** Braunfüßiger Düsterschnellk., M. castanipes Payk. Pechschwarz, oder pechbraun; Fühler und Beine rotbraun. Halsschild an den Seiten kaum gerundet, von der Mitte ab nach vorn verengt, an den Seiten dicht, in der Mitte weitläufiger punktiert. Flügeldecken schwach punktiert gestreift, die Zwischenräume fein punktiert. 18—20 mm lang. Mehr in Gebirgsgegenden.

## Heckenschnellkäfer, Limonius Eschsch.

Fühler kräftig, seitlich zusammengedrückt; zweites bis drittes Glied klein, viertes bis zehntes mehr oder weniger breit dreieckig, elftes länglich eiförmig. Kopf stark abwärts geneigt. Halsschild kissenartig gewölbt, nach vorn leicht verengt, die Hinterecken des Halsschildes stumpf, zuweilen gekielt. Flügeldecken am Grunde etwa so breit als das Halsschild mit geraden, vom letzten Dritteil ab zugerundeten Seiten. Käfer an sonnigen Abhängen im Gras und im Gebüsche. Von L. Bructeri Fab. lebt die Larve in Moospolstern an Mauern.

**Fig. 21.** Schwarzfüßiger Heckenschnellk., L. nigripes Gyll. Schwarz, weißlich behaart. Halsschild ziemlich dicht und stark punktiert, am Grunde fast so breit als lang. Der Bruststachel nicht gefurcht. 8—12 mm lang. Häufig auf Grasplätzen.

## Strauchschnellkäfer, Athous Eschsch.

Fühler gesägt oder mit fast walzenförmigen Gliedern; Kopf groß, mäßig geneigt, mit scharfkantiger Stirn; Halsschild an den Seiten leicht gerundet, die Hinterecken meist kurz und stumpf; Flügeldecken ziemlich lang, kaum breiter als das Halsschild; Füße ziemlich dick, ihre Glieder gewöhnlich etwas erweitert, unten schwammig oder schwach gelappt. Die zahlreichen meist braun gefärbten Arten leben auf Blumen, die Larven unter Baumrinden.

**Fig. 22.** Schwarzer Strauchschnellk., A. niger L. Schwarz, glänzend, fein grau behaart, Fühler länger als Kopf und Halsschild; zweites Glied viel kleiner als das dritte; Halsschild fein punktiert, in der Mitte erweitert; Flügeldecken fein punktiert, seicht gestreift, entweder schwarz oder gelb. Häufig im Gebüsche.

**Fig. 23.** Rot-afteriger Strauchschnellk., A. haemorrhoidalis Fab. Ziemlich langgestreckt, gleich breit, behaart, pechbraun oder schwarz mit hellen braunen Flügeldecken. Der Hinterleib an der Spitze, sowie der umgeschlagene Flügeldeckenrand rotbraun. Fühler schlank, ihr drittes Glied fast doppelt so lang als das zweite, kegelförmig. Häufig auf Haseln und in Nadelwaldungen an Heidekraut.

# Tafel XI.

## Kammschnellkäfer, Corymbites Latr.

Flügeldecken meist leicht eirund, an der Wurzel so breit als das Halsschild, mehr als doppelt so lang als dieses. Die Nähte der Vorderbrust bilden vorn keine deutlichen Ansätze zu Fühlergruben. Die Schenkeldeckel einfach und schmal. Fühler verschieden, bei einigen haben die Männchen innen einen astförmigen Fortsatz. Auf Gräsern, Sträuchern und Blumen, auch unter Steinen.

**Fig. 2.** Roter Kammschnellk., C. haematodes Fab. Schwarz, Flügeldecken blutrot, Kopf und Halsschild mit rotem, fleckig schimmerndem, samtartigem Filze bekleidet. Die Männchen mit geästeten Fühlern. Nicht selten im ersten Frühjahre an den Trieben von Weiden und Vogelbeeren.

Brauner Kammschnellk., C. castaneus L. Flügeldecken rotgelb, Spitze schwarz, deutlich punktiert gestreift. Kopf und Halsschild mit gelbem Filze dicht bedeckt. 9—10 mm lang. Nicht selten.

**Fig. 3.** Kupferfarbener Kammschnellk., C. cupreus Fab. Flügeldecken vorn gelb, die hintere Hälfte metallisch grün oder bronziert, oft auch ganz bronzefarbig, wie das Halsschild. 15 mm lang. Mehr in Gebirgsgegenden.

**Fig. 1.** Gehörnter Kammschnellk., C. pectinicornis L. Messingglänzend, mit mehr oder weniger grüner Färbung. Fühler schwarz, ihre Äste beim Männchen mehr als doppelt so lang, als die einzelnen Glieder selbst. Flügeldecken fein punktiert gestreift, beim Männchen flach, beim Weibchen deutlich gewölbt. 14—18 mm lang. Fast überall.

Wolkiger Kammschnellk., C. tesselatus L. Metallisch braun, ziemlich behaart. Flügeldecken selten gleichmäßig, gewöhnlich stellenweise zu wolkigen Flecken verdichtet. 14—16 mm lang. Häufig.

**Fig. 4.** Erzfarbener Kammschnellk., C. aeneus L. Ziemlich breit, glatt, grün, blau, violett, kupferig oder schwarz metallglänzend. Beine dunkelmetallisch oter rot. Halsschild fast viereckig mit einer nach vorn verschwindenden Mittelfurche. Flügeldecken fein punktiert gestreift mit feinen punktierten Zwischenräumen. 15—16 mm lang. In manchen Gegenden häufig.

## Fettschnellkäfer, Ludius Latr.

Schenkeldecken ziemlich breit, am Hinterrande gezähnt. Fühler vom vierten Glied an scharf gezähnt, das zweite bis dritte Glied sehr klein, rundlich, das elfte mit deutlich abgesetzter pfriemenförmiger Spitze, sonst dem vorigen genus seh: ähnlich. Die einzige deutsche Art:

**Fig. 5.** Brauner Fettschnellk., L. ferrugineus L. Einer der größten Schnellkäfer, schwarz, Halsschild bis auf den Hinterrand, sowie die Flügeldecken matt gelbrot, manchmal ist das Halsschild ganz schwarz. Im Juni, Juli auf Bäumen. Larven im Mulme verschiedener Bäume, besonders Weiden.

## Feldschnellkäfer, Agriotes Eschsch.

Seitenrandlinie des Halsschildes auf die Unterseite herabgebogen. Fühlerrinnen fehlen. Fühler wenig gezähnt, seitlich nur schwach zusammengedrückt, das zweite und dritte Glied unter sich und vom vierten von verschiedener Größe. Flügeldecken kaum breiter, aber mehr als doppelt so lang, als das Halsschild. Fußglieder und Klauen einfach. Auf Blüten. Die Larven leben im Boden von den Wurzeln niederer Pflanzen und sind unter den Namen „der Drahtwürmer" bekannt und gefürchtet.

**Fig. 7.** Liniierter Feldschnellk., Saatschnellk., A. lineatus L. segetis Rdt. Zweites Fühlerglied länger als das dritte. Flügeldecken braun; zweiter und dritter Zwischenraum der Punktstreifen dunkler braun oder schwarz. 6—7 mm lang. Sehr häufig. Die Larven werden den Wurzeln von Getreide und Gräsern oft schädlich.

**Fig. 6.** Behaarter Feldschnellk., A. pilosus Fab. Halsschild länger als breit, braun oder braunschwarz mit dichtem, anliegendem Haarüberzuge. Zweites Fühlerglied so lang als das dritte, aber merklich kürzer als das vierte. 14—15 mm lang. Auf Blumen und Sträuchern, mehr im Gebirge.

## Seidenschnellkäfer, Sericosomus Redtb.

Flügeldecken so breit und doppelt so lang als das Halsschild. Zweites und drittes Fühlerglied einander gleich, fast immer klein, knopfförmig, selten sehr kurz, folgende Glieder dreieckig, nach innen deutlich gezähnt. Vorderbrust mit schwach gerundetem und etwas zurückgezogenem Vorderrand, mit schmalem spitzigem Fortsatz gegen die Mittelbrust. Auf Blüten.

**Fig. 8.** Brauner Seidenschnellk., S. brunneus L. Länglich, rötlich gelbbraun, dicht punktiert. Kopf und Unterseite schwarz. Halsschild rot; eine breite Mittellinie und der Seitenrand nach rückwärts schwarz. Flügeldecken fein gestreift, mit ebenen, dicht und gleichmäßig punktierten Zwischenräumen. 9—10 mm lang. Fast überall.

## Zahnschnellkäfer, Campylus Fisch.

Flügeldecken fast gleich breit. Fühler beträchtlich länger als Kopf und Halsschild, zweites Glied sehr klein, drittes bis zehntes mehr oder weniger gezähnt, beim Männchen oft innen mit einer astförmigen Spitze. Kopfschild breit und ausgehöhlt. Vorderbrust mit hinten ganz kurzen Ausläufern zwischen den Vorderhüften, und von vorn gerade abgestutzt, so daß die Kehle frei bleibt, nicht wie bei den andern Elateren lappenförmig erweitert. Sie können deshalb auch nicht schnellen. Auf Gesträuchern, Larven unter Baumrinden.

**Fig. 9.** Schmaler Zahnschnellk., C. linearis L. Flügeldecken beim Männchen gelb, manchmal mit schwarzer Naht, selten ganz schwarz; beim Weibchen schwarz mit gelbem Saume, selten ganz gelb. Vorderer Teil des Kopfes und das Halsschild rot, letzteres oft mit einem schwarzen Flecken in der Mitte. 10 mm lang. Unter der Rinde von Eichen und Erlen, in welchen auch die Larve lebt.

## 27. Familie. Haarkäfer, Dascillidae.

Flügeldecken bedecken den Leib. Fühler elfgliedrig, fadenförmig oder gezähnt. Vorderbrust ohne Fortsatz gegen die Mittelbrust. Füße fünfgliedrig, ihr vorletztes Glied zweilappig oder einfach, in welchem Falle die Fühler auf die Stirne genäht sind. Auf Blüten. Larven nähren sich von Pflanzenwurzeln.

### Weißhaarkäfer, Dascillus Latr. Atopa Payk.

Körper länglich, walzenförmig, die drei ersten Fußglieder gelappt. Fühler fadenförmig, zweites Glied sehr kurz. Kopf geneigt, viel schmäler als das Halsschild; dieses doppelt so breit als lang, nach vorn leicht verengt, hinten leicht zweibuchtig. Die einzige deutsche Art.

**Fig. 10.** Grauer Haark., D. cerodnus L., das Männchen cinereus Fab. Schwarz, sehr dicht und fein grau behaart, entweder nur die Klauen und der After oder die Fühler, Beine und Flügeldecken gelbbraun. In Gebirgsgegenden auf blühenden Sträuchern nicht selten.

### Laubhaarkäfer, Helodes Latr. (Cyphon Payk).

Länglich oder gerundet eiförmig. Fühler fadenförmig. Zweites und drittes Glied kleiner als die folgenden. Körper eiförmig oder eirund. Halsschild viel breiter als lang. Beine einfach. Viertes Fußglied zweilappig. Flügeldecken bedecken den Hinterleib. Auf Blüten.

**Fig. 11.** Brauner Blütenhaark., H. tertaceus L. lividus Fab. Blaß gelbbraun, fein und dicht punktiert, fein behaart. Fühler bis auf die drei ersten Glieder, manchmal auch die Scheibe des Halsschildes und der Flügeldecken dunkelbraun. $4^1/_2$ mm lang. Auf Sumpfwiesen nicht selten.

## 28. Familie. Weichkäfer, Malacodermidae.

Körper weich. Fühler elfgliedrig, borsten- oder fadenförmig, gesägt oder gekämmt. Weibchen teils mit, teils ohne Flügeldecken. Leben meist auf Blumen.

### Netzweichkäfer, Dictyopterus Latr.

Flügeldecken flach. Kopf größtenteils unter dem aufgeworfenen Vorderrande des Halsschildes versteckt. Mund rüsselförmig verlängert. Fühler flach, an der Basis des Rüssels eingefügt. Die einzige deutsche Art.

Roter Netzweichk., D. sanguineus L. Die Seiten des von einer Mittelfurche durchzogenen Halsschildes und die Flügeldecken hochrot, letztere mit undeutlich erhabenen Längslinien und dichtem, niederliegendem Haare. Juli bis September auf Schirmblüten. Larve in alten Eichen.

### Gitterweichkäfer, Eros Newm.

Der vorigen Gattung sehr ähnlich, doch ist der Kopf nicht rüsselförmig verlängert. Die Flügeldecken haben stark erhabene Längslinien und das dritte Fühlerglied ist fast immer größer als das zweite. An Stämmen und Blüten.

**Fig. 12.** Rötlicher Gitterweichk., E. aurora Fab. Halsschild und Flügeldecken rot, die Scheibe des ersteren gewöhnlich dunkler, mit vier breiten, flachen Grübchen und einem kleinen rautenförmigen in ihrer Mitte. Unterseite dunkelbraun. Auf Blumen. Larven in alten Eichen.

**Fig. 13.** Gefärbter Gitterweichk., E. (Homalinus) suturalis Fab. Schwarz, fein behaart, Flügeldecken rot mit einem schwärzlichen Längsstreifen über die Naht, selten ganz schwarz. Unterseite pechbraun. Fühler und Beine braun. Selten auf schattigen Grasplätzen.

## Leuchtweichkäfer, Lampyris L.

Kopf vollkommen unter dem vorn abgerundeten Halsschilde versteckt. Fühler fadenförmig, zusammengedrückt. Am Bauch befindet sich auf den zwei letzten Ringen ein, helles Licht verbreitender, Leuchtflecken, welcher beim toten Käfer gelb erscheint. Die Männchen fliegen bei Nacht, die larvenähnlichen Weibchen sind im Gras an feuchten Plätzen. Larven in faulenden Bäumen.

**Fig. 16.** Johanniskäferchen, das Weibchen Johanniswurm oder Scheinwurm, L. splendidula Fab. Flach, länglich, braun, Halsschild beiderseits mit zwei glasartig durchsichtigen Flecken. Flügeldecken kaum mehr als doppelt so lang als breit. Weibchen weißlich gelb mit zwei gelben Schuppen statt der Flügel. Häufiger im nördlichen Deutschland.

**Fig. 14** Männchen, **15** Weibchen. Größeres Johannisk., L. noctiluca L. Um 3—4 mm größer als voriger. Flügeldecken graubraun, dreimal so lang als zusammen breit. Halsschild graugelb mit dunklerer Scheibe. Das braune Weibchen ohne Spur von Flügeln. Mehr in Süddeutschland.

## Heckenweichkäfer, Telephorus Schäffer. Cantharis L.

Körper länglich, weich. Kopf vorgestreckt. Schildchen klein mit abgerundeter Spitze. Flügeldecken etwas breiter als das Halsschild, den Hinterleib ganz bedeckend. Fühler elfgliedrig, faden- oder borstenförmig, auf die Stirn vor den Augen eingefügt. Auf Blüten.

Rotbauchiger Heckenweichk., T. abdominalis Fab. Männchen ganz schwarz und nur Mund und Hinterleib rötlichgelb. Die Flügeldecken blau. Weibchen schwarz, das Wurzelglied der Fühler, der Vorderteil des Kopfes, Halsschild, Vorderbrust und die vorderen Schenkel rötlichgelb. 13—14 mm lang.

**Fig. 17.** Blauer Heckenweichk., T. violaceus Payk. Dem vorigen sehr ähnlich, nur das Halsschild rotgelb. Fast überall häufig.

Dunkler Heckenweichk., T. obscurus L. Schwarz, unten dichter, oben spärlicher fein grau behaart, nur die Seitenränder des

Halsschildes breit gelb gesäumt, die zwei ersten Fühlerglieder, sowie die Seitenränder und Bauchringe ganz oder größtenteils gelb. Häufig.

**Fig. 18.** Brauner Heckenweichk., T. fuscus L. Schwarz, fein grau behaart. Fühlerwurzel, Vorderteil des Kopfes, Halsschild mit Ausnahme eines schwarzen Fleckens am Vorderrande rotgelb. Auf Obstbäumen und Sträuchern, sehr häufig.

**Fig. 19.** Liniierter Heckenweichk., T. lineatus Kiesenw. Flügeldecken blaßgelb. Augen, ein Doppelfleck auf dem Halsschilde, Hinterrand des Scheitels, Brust und Mitte der Bauchringe schwarz. Fühlerspitze bräunlich. Nicht überall.

**Fig. 20.** Heller Heckenweichk., T. (Rhagonycha) fulvus Scop. Flügeldecken ganz gelb mit schwarzer Spitze. Beine und Fühler mit Ausnahme der Fühlerwurzel schwarz. Ueberall ziemlich häufig.

## Knappweichkäfer, Malthinus Latr.

Flügeldecken meist kürzer als der Leib. Kopf groß, ziemlich flach mit breiter Stirn, hinter den Augen nach der Basis stark verengt. Fühler fadenförmig, vom Innenrand der Augen etwas entfernt eingefügt. Oft gesellig auf Sträuchern und Blüten an grasreichen Stellen im Walde.

**Fig. 21.** Zweifleckiger Knappweichk., M. biguttatus Payk. Schwarz, dünn behaart. Flügeldecken gereiht punktiert, an der Spitze schwefelgelb. Vorderteil des Kopfes, Wurzel der Fühler und die Schenkel gelb. 6—7 mm lang. Überall, besonders im Gebirge.

**Fig. 22.** Gerandeter Knappweichk., M. (Malthodes) marginatus Latr. Flügeldecken gräulich braun mit schwefelgelber Spitze. Mund, Füße, Beine, die Ränder des Halsschildes und verschiedene Zeichnungen am Hinterleibe gelb. Halsschild fast viereckig. Nicht selten.

Rothalsiger Knappweichk. M. (Malthodes) sanguinolentus Fall. Halsschild rötlich-gelb mit einer dunkleren Mackel in der Mitte. Flügeldecken braun, an der Spitze schwefelgelb. Füße und Ränder der Bauchringe gelb. 4 mm lang. Nicht selten, in feuchten Laubwäldern.

## Flaumweichkäfer, Malachius Fab.

Fühler elfgliedrig, zwischen den Augen eingefügt. Flügeldecken kaum breiter als das Halsschild, doppelt so lang, als breit, gegen die Spitze erweitert. Auf Blüten.

**Fig. 23.** Erzfarbener Flaumweichk., M. aeneus L. Kupfergrün, Flügeldecken rot, sehr fein gerunzelt, glanzlos mit einem grünen Flecken. Zweites Fühlerglied des Männchen unten mit einem langen, das dritte mit einem dünneren, zurückgebogenen Zahne. Überall. Larve im Dachstroh.

**Fig. 24.** Zweifleckiger Flaumweichk. M. bipustulatus Fab. Grünglänzend, der Mund gelb, die Vorderecken des Halsschildes und die Spitzen der Flügeldecken rot. Die ersteren Fühlerglieder der Männchen mehr oder weniger nach innen verschieden erweitert. Häufig, Larve im alten Holz von Weiden.

Gerandeter Flaumweichk., M. marginellus Fab. Grünglänzend. Mund gelb. Spitze der Flügeldecken gelbrot. Halsschild breit rot gesäumt. Drittes bis siebentes Flügelglied beim Männchen an der Unterseite ausgerandet, letztes mit einem stumpfen Zähnchen. Häufig.

## Blütenweichkäfer, Anthocomus Er.

Bauchringe in der Mitte unterbrochen und häutig. Fühler elfgliedrig, fadenförmig, selten schwach gesägt oder gezähnt.

Roter Blütenweichk., A. equestris Fab. Flügeldecken rot mit einem breiten Band in der Mitte und ein dreieckiger zwischen den Schultern. Nicht selten.

Gebänderter Blütenweichk., A. fasciatus L. In Größe und Färbung dem vorigen ähnlich, nur haben die Flügeldecken in der Mitte ein schmales und an der Spitze ein kleines rotes Band. Die Spitzen der Flügeldecken sind beim Manne eingedrückt mit einem kleinen Anhängsel.

## Haarweichkäfer, Dasytes Payk.

Halsschild kaum länger als breit, Körper abstehend behaart. Fußklauen bei den Geschlechtern einfach. Fühler elfgliedrig, an der Seite des Kopfes am Vorderrand der Augen eingefügt, fadenförmig, gewöhnlich gezähnt. Auf blühenden Bäumen und Sträuchern.

**Fig. 25.** Blauer Haarweichk., **D. coeruleus Fab.** Flügeldecken blau, runzlig punktiert. Fühler und Füße schwarz. Halsschild tief und spärlich punktiert. Nicht häufig. Den Käfer erzieht man aus alten Eichen- und Buchenästen, wo seine Larve vielleicht den Holzkäfern nachstellt.

## 29. Familie. Walzenkäfer, Cleridae.

Körper meist walzenförmig. Fühler entweder allmählich verdickt, oder mit drei größeren Endgliedern. Augen ausgerandet. Vorderhüften zapfenartig hervorragend, die hintern quer. Füße fünf- oder viergliedrig mit schwammiger Sohle, womit sich die Tiere sehr fest halten können. Sie leben auf Blumen und stellen anderen Insekten nach, sind deshalb zum Teil nützlich, während andere in den Bienenstöcken leben und den Bienen schädlich werden.

### Blumenwalzenkäfer, Tillus Ol.

Vorderbrust mit ihren Nebenseitenstückchen verschmolzen. Füße fünfgliedrig. Erstes Fußglied von oben sichtbar. Kopf eiförmig. Fühler vom dritten Glied an gesägt, das zweite Glied klein, Flügeldecken gleich breit, oder hinter der Mitte etwas erweitert. Auf Blüten oder frisch gefälltem Holze.

**Fig. 26.** Verlängerter Blumenwalzenk., **T. elongatus L.** Schwarz, fein behaart, Flügeldecken bläulich-schwarz, punktiert, gestreift. Halsschild des etwas größeren Weibchens rot, das des Männchens schwarz. Auf alten Bäumen, wie Eichen, Buchen und Weiden. Selten.

### Rauchwalzenkäfer, Opilus Latr.

Der vorigen Gattung sehr ähnlich. Erstes Fußglied durch das zweite verdeckt, mehr oder weniger verkürzt. Augen grob gekörnt, groß und hervorspringend. Nächtliche Tiere in Häusern und Bäumen, wo ihre Larven anderen Insekten nachstellen.

**Fig. 27.** Brauner Rauchwalzenk., **O. mollis Latr.** Dunkelschwarzbraun, Fühler, Beine, mit Ausnahme der Mitte der Schenkel, der Spitze der Flügeldecken, und den zweizackigen Querbinden blaßgelb. Bauch rotgelb. Selten unter der Rinde von abgestorbenen Eichen, Rüstern und Linden. Die Larve in Häusern im Unrat.

## Forstwalzenkäfer, Clerus Fab.

Halsschild fast herzförmig, hinten stark eingeschnürt, vor der Spitze mit einem Querdruckfühler allmählich gegen die Spitze verdickt, die drei letzten Glieder so breit, oder breiter als lang, das letzte eiförmig zugespitzt. Auf Stämmen.

**Fig.** 28. Ameisenähnlicher Walzenk., C. formicarius L. Halsschild und Flügeldecken an den Schulterecken rot, mit zwei weißen Binden auf den letzteren. An Zäunen und Stämmen sehr häufig, die Larve nährt sich von Holzkäfern.

Bienenameisenähnlicher Walzenk., C. mutillarius Fab. Halsschild schwarz, Bauch und Wurzel der Flügeldecken rot, dahinter einige weiße Haarflecken und im hintern Dritteil eine breite weiße Haarbinde. Mehr in Süddeutschland an Eichen.

## Immenwalzenkäfer, Trichodes Fab.

Körper lang gestreckt. Halsschild nach hinten verengt, vor der Spitze der Quere nach eingedrückt, so daß der Vorderrand etwas wulstig aufgeworfen erscheint. Fühler mit dreigliedrigem Endkolben, das letzte sehr groß und schief abgestutzt. Füße viergliedrig. Die Männchen gewöhnlich mit etwas dickeren Hinterschenkeln. In Blüten, wo sie sich von Insekten nähren. Die roten Larven leben in Bienennestern.

**Fig.** 29. Bienen-Wolf, Bienen-Feind, Bienen-Fresser, T. apiarius L. Schwarzblau, zottig behaart, Flügeldecken rot, zwei breite Binden und die Spitze schwarzblau. Bei der Honig- und Mauerbiene. Nicht überall häufig.

**Fig.** 30. Bienenzellenk., T. alvearius Fab. Dem vorigen sehr ähnlich, nur weniger behaart und mit roter Endspitze der Flügeldecken. Häufig, in den Nestern von Blattschneider- und Holzbienen.

## Heckenwalzenkäfer, Corynetes Herbst.

Körper länglich, Halsschild merklich länger, als breit, an der Spitze ziemlich in der Mitte erweitert. Die Flügeldecken zerstreut punktiert. Füße viergliedrig. Erstes Fußglied im zweiten versteckt. Klauen im Grunde zahnartig erweitert. Käfer auf Blüten, oder an trockenem Aas.

**Fig. 31.** Blauer Heckenwalzenk., C. coeruleus D. Blau oder grünlichblau, behaart, unten dunkler. Fühler schwarz, Beine dunkelblau. Flügeldecken zerstreut-punktiert. Häufig an rotfaulenden Eichen.

Rotfühleriger Heckenwalzenk., C. ruficornis St. Wie der vorige, die Flügeldecken aber gestreift-punktiert, die Fühler in der Mitte und die Füße rotbraun. Selten, häufiger in Leimmagazinen.

## 30. Familie. Bohrkäfer, Lymexylonidae.

Körper lang gestreckt, walzenförmig. Fühler fadenförmig oder schwach spindelförmig, gesägt oder gekämmt. Vorderbrust ohne Fortsatz gegen die Mittelbrust. Flügeldecken an der Spitze nicht abwärts gewölbt, klaffend. Käfer und Larven im gefällten Holze.

### Rindenbohrkäfer, Hylecoetus Latr.

Halsschild breiter als lang. Fühler elfgliedrig, gesägt oder gekämmt, das zweite Glied klein. Endglied der Taster bei dem Männchen mit einem quastenartigen Büschel schmaler, länglicher Blättchen, bei dem Weibchen nur gegen die Spitze verdickt und abgestutzt.

**Fig. 32.** Buchenbohrk., H. dermestoides Fab. Fühler gesägt. Männchen viel kleiner als das Weibchen, entweder ganz schwarz und nur die Beine rötlichbraun oder gelb, oder es sind die Fühler, und Flügeldecken, mit Ausnahme ihrer schwarzen Spitze gelbbraun. Das Weibchen ganz rötlich-gelbbraun und nur die Augen oder auch die Brust schwarz. Nicht selten. Larve in Buchen, Fichten und Eichenstöcken.

Gehörnter Bohrk., H. flabellicornis Schneid. Fühler stark gekämmt. Schwarz, fein behaart. Fühler, Schienen, Füße und Flügeldecken rot. Letztere mit schwarzer Spitze. Mehr in Nord-Ost-Deutschland.

### Holzbohrkäfer, Lymexylon Fab.

Halsschild länger als breit, nach vorn verengt. Bauch mit fünf Ringen. Fühler elfgliedrig, fadenförmig, in der Mitte etwas verdickt. Die einzige deutsche Art:

Eichen-Holzbohrk., L. navale L. Männchen 5—9 mm lang. Flügeldecken an der Wurzel bis zur Mitte der Naht, Hinterleib und Beine gelb. Weibchen 8—14 mm lang, ockergelb, Kopf, Rand und Spitze der Flügeldecken schwärzlich. Nicht selten, Larve im Eichenholz.

## Tafel XII.

## 31. Familie. Holzbohrer, Pochkäfer, Ptinidae.

Flügeldecken den Hinterleib umschließend. Fühler neun bis elfgliedrig, fadenförmig, gesägt, gekämmt oder mit drei größeren Endgliedern. Vorderbrust ohne Fortsatz gegen die Mittelbrust. Füße fünfgliedrig, die zwei ersten Glieder ziemlich gleich. Klauen einfach. Im Holz und trockenen Pflanzenteilen, auch in tierischen Stoffen.

### Trotzpochkäfer, Hedobia Str.

Flügeldecken walzenförmig mehr als die Hälfte länger, als zusammen breit. Fühler elfgliedrig, länger als der Körper, fadenförmig. Das erste Glied am dicksten, das zweite klein, die folgenden ziemlich gleich lang. Auf blühenden Gesträuchern. Larven im alten Holz.

Kleiner Poch- oder Bohrkäfer, H. regalis Dft. Flügeldecken braun, dicht und verworren punktiert mit grauweißen Zeichnungen, die Umgebung des Schildchen mit rostgelben Haaren besetzt. Mehr im südlichen Deutschland. Sehr ähnlich ist:

**Fig. 1.** Großer Pochk., H. imperialis L., aber größer und mehr graubraun, welcher in alten Stöcken von Nuß-, Haselnuß-, Weißbuchen- und Zwetschenbäumen vorkommt.

### Holzpochkäfer, Bohrkäfer, Ptinus L.

Körper kurz eiförmig. Fühler elfgliedrig, lang, fadenförmig, zwischen den Augen eingefügt. Beine an der Wurzel dünn, gegen die Knie hin keulenförmig. Füße fünfgliedrig, das dritte und vierte Fußglied einfach. Leben im toten Holz und getrockneten Pflanzenstoffen, einige in den Häusern, und sind deshalb den Naturalien und besonders den Pflanzensammlungen sehr gefährlich.

**Fig. 2.** Kräuterdieb., Pt. fur L. Männchen fast walzenförmig, rot, rot- oder pechbraun, behaart. Kopf weißlich behaart.

Weibchen viel größer, länglich eiförmig. Halsschild mit größeren gelben, nach hinten zusammenlaufenden Haarbüscheln bedeckt. Sehr häufig und schädlich in Häusern in Speisekammern und Abtritten, in den Apotheken an den getrockneten Pflanzenteilen, besonders Samen. Den Insekten- und Pflanzensammlungen oft sehr verderblich.

**Fig. 3.** Goldgelber Pochk. (Niptus) hololeucus Fald. Kugelig, überall mit dichten goldgelben Haaren bekleidet. Der früher nur in Kleinasien vorkommende Käfer hat sich durch den Handel allmählich auch in Deutschland eingebürgert und ist in Wollenlagern, Apothekerwaaren und sonstigen trockenen Pflanzenteilen schon oft schädlich aufgetreten.

## Buckelpochkäfer, Gibbium Scop.

Körper klein, buckelig, ungeflügelt. Flügeldecken an der Naht verwachsen, zu einer blasenartigen, durchscheinenden Kugel aufgetrieben. Fühler elfgliedrig, fadenförmig, fast so lang als der Körper. Drittes und viertes Fußglied einfach. Bei tierischen Stoffen.

**Fig. 4.** Buckelkäfer, G. scotias Fab. Kastanienbraun, glasartig, glänzend und durchscheinend. Halsschild sehr kurz. Fühler und Beine mit gelben, glänzenden Härchen bekleidet. 3 mm lang. Nicht selten an wollenen Stoffen, besonders an Schafwolle.

## Nagekäfer, Holzpochkäfer, Anobium Fab.

Körper walzenförmig. Fühler elfgliedrig, das erste Glied größer und dicker, die folgenden klein, rundlich, die drei letzten lang und breit gedrückt, am Vorderrand der Augen eingefügt. Auf Blüten und im Holze, besonders in Holzgeräten und Möbeln, in welchen die Larven gerne leben.

**Fig. 5.** Klopfkäfer, Totenuhr, Trotz- oder Starrkopf, A. pertinax L. Flügeldecken punktiert-gestreift, dunkelschwarzbraun. Halsschild in der Mitte mit drei, hinten mit zwei Gruben an den Hinterecken und einem gelben Haarflecken. Häufig in alten Weiden und in hölzernen Hausgeräten. Stellen sich bei der Berührung tot. Das Männchen bringt mit heftigem Klopfen des Kopfes einen Ton hervor, welchen das Weibchen beantwortet. Sehr ähnlich, aber kleiner ist der Werkholz-Pochkäfer, A. striatum Ol.

und im alten Brot der Brotkäfer, Brotbohrer, A. paniceum Fab.

**Fig. 6.** Buntwürfeliger Pochk., A. (Xestobium) tesselatum Fab. Flügeldecken unregelmäßig punktiert, dunkelbraun mit gelblichen Haarflecken. Halsschild gewölbt, ohne merkliche Grube, 5—6 mm lang. Häufig in Laubhölzern, besonders in Eichen und Eibenholz.

Bücherbohrer, A. (Ptilinus) pectinicornis Fab. Schwarzbraun, Fühler und Beine blaß gelbrot. Halsschild fast kugelrund, vorn ohne Ausrandung und Längsfurche. Flügeldecken unregelmäßig punktiert ohne Längsrippen. 5—6 mm lang. Häufig in Buchen-, Eichen-, Ahorn- und Nußbaumholz, häufiger in hölzernen Geräten, auch Büchern und alten Einbänden.

## Kaupochkäfer, Psoa Herbst.

Kopf frei, von oben sichtbar. Fühler zehngliedrig mit drei größeren, eine lose, der Fühlergeisel an Länge gleiche Keule bildenden Endgliedern. Flügeldecken mehr als das Doppelte so lang als zusammen breit. Füße viergliedrig.

Wiener Kaupochk., P. vienensis Hbst. Dunkelmetallgrün, grau behaart. Flügeldecken rostrot, 8—9 mm lang. In Östreich bei Wien. Larve im Holze.

Zweizackiger Kaupochk., P. (Sinoxylon) muricatum Fab. Schwarz, grau behaart. Flügeldecken, Fühler und Beine braun. Halsschild grob gekörnt. Flügeldecken grob punktiert, jede mit einem langen Zahne in der Mitte des Eindrucks. 7—8 mm lang. Östreich, besonders Tirol, in Weinreben.

## Trugpochkäfer, Trugborkenkäfer Apate Fab., Bostrychus Geoff.

Körper walzenförmig. Kopf ziemlich klein, fast eiförmig, bis zu den Augen ins Halsschild eingesenkt. Kopfschild vorn leicht ausgerandet. Halsschild rauh, gewölbt. Fühler zehngliedrig, erstes bis zweites Glied wenig länger als die fünf folgenden. Im Mai und Juni schwärmen die Käfer auf Holzplätzen am Abend. Larven im Holze.

**Fig. 7.** Brauner Trugborkenk., **A. capucina L.** Schwarz, Flügeldecken und Bauch rot; Halsschild vorn nicht eingeschnitten. Flügeldecken tief verworren punktiert. Mehr im südlichen Deutschland in Eichen und Linden.

---

# Zweite Gruppe.

Käfer, die vier ersten Füße mit fünf, die zwei letzten mit vier Zehengliedern. Ungleichgliedrige. Heteromera.

## 32. Familie.

## Dunkel- oder Rinnenkäfer, Tenebrionidae.

Meist schwarzgefärbte, besonders dem Mittelmeergebiet angehörige Käfer, deren Fühler unter dem erweiterten Seitenrande des Kopfes eingefügt sind, ihr erstes Glied von demselben mehr oder wenig bedeckt. Hinterhüften kugelig oder oval.

### Trauerdunkelkäfer, Blaps Fab.

Ungeflügelt. Fühler kurz, die letzten Glieder fast kugelförmig. Flügeldecken etwas breiter als das Halsschild, fast doppelt so lang als breit. An dunklen Orten.

**Fig. 8.** Totenkäfer, B. mortisaga Fab. Spitzenrand des ersten Bauchringes beim Männchen mit einem gelben Haarbüschel in der Mitte. Häufig mit seiner langen harten Larve unter faulenden Brettern und in Kellern.

### Staubköhlerkäfer, Opatrum Fab.

Körper ziemlich flach, breit, eiförmig. Vorderhüften wenig mehr voneinander entfernt als die Mittelhüften. Augen am Seitenrand des Kopfes durchgesetzt, in zwei Teile geteilt. Am Boden unter Steinen in sandigen Gegenden.

**Fig. 9.** Gemeiner Staubköhlerk., O. sabulosum L. Schwarz, oben aschgrau, flach gewölbt. Vorderschienen an der Spitze in einen dreieckigen Zahn erweitert. Im Frühjahr sehr häufig an sandigen Wegen.

## Schwammköhlerkäfer, Bolitophagus Jll.

Fühler allmählich gegen die Spitze verdickt. Mund ganz von dem rauhen Kopfschilde bedeckt. Flügeldecken breit, kurz walzenförmig. In Baumschwämmen.

**Fig. 10.** Gestreifter Schwammköhlerk., B. reticulatus L. Schwarz oder braun. Halsschild vor der Mitte erweitert, nach hinten stark verengt. Nicht häufig in Schwämmen.

## Pilzköhlerkäfer, Diaperis Geoff.

Körper kurz, eiförmig, hoch gewölbt, fast halbkugelförmig. Fortsatz der Vorderbrust schmal. Die einzige Art:

**Fig. 11.** Gefärbter Pilzköhlerk., D. boleti L. Flügeldecken sehr fein und zerstreut punktiert mit gelben Binden. In Eichen- und Buchenschwämmen und unter feuchter Rinde.

## Mehlkäfer, Tenebrio L.

Körper langgestreckt. Fühler schnurförmig, wenig gegen die Spitze verdickt, ihr drittes Glied das längste. Halsschild in der Mitte am breitesten. Im Mulme von faulendem Holze.

**Fig. 12.** Müller, Mehlkäfer, T. molitor L. Pechschwarz oder braun, fein punktiert. Unterseite und Beine rotbraun. In alten Mehl- und Brotvorräten, und im Mulme von Eichen- und Nadelhölzern. Seine Larve ist unter dem Namen „Mehlwurm" bekannt.

## Rindenköhlerkäfer, Helops Fab.

Augen nierenförmig. Halsschild eng an die Flügeldecken anschließend. Fühler fadenförmig, länger als Kopf und Halsschild zusammen, ihr zweites Glied sehr kurz, das dritte das längste. Unter der Rinde von Waldbäumen.

**Fig. 13.** Gestreifter Rindenköhlerk., H. striatus Fourc. Schwarz glänzend, Unterseite pechbraun, Fühler und Beine rotbraun. Im Winter unter Moos, im Sommer unter Kiefernrinde.

### Blütenköhlerkäfer, Cistela Geoff.

Flügeldecken lang, eiförmig, walzenförmig, gewölbt, Fühler gesägt, faden- oder borstenförmig, am Vorderrand der Augen eingesägt, das zweite selten, auch das dritte sehr kurz. Auf Blüten.

**Fig. 14.** Schwarzer Blütenköhlerkäfer, C. atra Fab. Schwarz glänzend, äußerst fein behaart, Mund, Fühler und Beine rot. Im Moder von alten Eichen, Erlen und Weiden.

**Fig. 15.** Gelber Blütenköhlerkäfer, C. sulphurea L. Gelb, die Augen schwarz. Fühlerspitze, Taster und Füße schwärzlich. Nicht selten auf Peucedanum, Haarstrang und Hundswürze (Cynanchum).

### Pflanzenköhlerkäfer, Omophlus Solier.

Kopf in das Halsschild passend und mehr oder weniger zu den Augen zurückziehbar. Halsschild nach vorn und hinten gleichmäßig verengt, sein Vorderrand gerade abgestutzt. Auf Blüten.

**Fig. 16.** Bockähnlicher Pflanzenköhlerkäfer, O. betulae Hbst., lepturoides Fab. Flügeldecken rötlich-gelbbraun oder rostgelb. Halsschild schmal und wie die Fühler und Füße schwarz. 12—16 mm lang. Auf Holzplätzen und am Getreide, gemein.

## 33. Familie. Flachdüsterkäfer, Pythidae.

Kopf vorgestreckt mit runden vorspringenden Augen. Körper flach. Fühler fast fadenförmig, kaum merklich gegen die Spitze verdickt, die letzten Glieder breiter als lang. Unter Baumrinden. Die Gattung Pytho Latr. mit der einzigen Art:

**Fig. 17.** Brauner Flachdüsterk., P. depressus L. Schwarz, Mund, Fühler, Schienen und Füße rostrot. Bauch ganz oder teilweise gelb. Flügeldecken öfters auch rötlich, gelbbraun. Sehr selten unter morscher Baumrinde.

## 34. Familie. Schattenkäfer, Melandryidae.

Kopf dreieckig, wenig vorgestreckt, oder in das Halsschild zurückgezogen, letzteres nach vorn verengt, hinten fast immer beinahe so breit als die Flügeldecken. Im abgestorbenen Holz oder in Baumschwämmen.

### Hüpfschattenkäfer, Orchesia Latr.

Körper nach hinten verengt, Hinterecken des Halsschildes ohne Spitze. Fühler gegen die Spitze verdickt mit größeren Endgliedern. Die hüpfenden und purzelnden Käfer leben in Baumstämmen.

**Fig. 18.** Glänzender Hüpfschattenk., O. micans Ill. Braun, fein und dicht behaart. Bauch und Beine rötlichgelb. Nicht selten in Eichen- und Buchenstämmen.

### Tastschattenkäfer, Serropalpus Payk.

Körper lang gestreckt, walzenförmig. Fühler borstenförmig, bei dem Männchen halb so lang als der Körper, beim Weibchen kürzer. Beine lang und dünn. Im alten Holze der Fichten und Tannen. Die einzige Art:

**Fig. 19.** S. barbatus Schaller, striatus Hell. ist sehr selten.

### Köhlerschattenkäfer, Melandrya Fab.

Körper länglich. Flügeldecken flach gewölbt, in der Mitte erweitert, breiter als das Halsschild. Fühler fadenförmig, gekrümmt, die Glieder nur wenig länger, als breit. Im alten Holze.

**Fig. 20.** Laufkäfer, Köhlerschattenk., M. caraboides L. Flügeldecken dicht punktiert gestreift, Fühlerspitze und Füße zum Teil rötlichgelb. Selten in Buchen und Eichen.

## 35. Familie. Wollkäfer, Lagriidae.

Körper länglich, Kopf rundlich, breiter als das walzenförmige Halsschild. Fühler kurzgliedrig. Die einzige Gattung **Lagria Fab.** mit zottig behaarten Flügeldecken. Einzige Art:

**Fig. 21.** Behaarter Wollk., L. hirta L. Männchen und pubescens L. Weibchen. Bei ersterem ist das letzte Fühlerglied länger als beim Weibchen. Flügeldecken bräunlichgelb, weich, lang zottig behaart. Auf blühenden Gesträuchern häufig.

## 36. Familie. Feuerkäfer, Pyrochroidae.

Körper etwas flach, Kopf breiter als das Halsschild, dieses fast rund, breiter als lang. Flügeldecken gegen die Spitze erweitert. Unter der Rinde von Bäumen.

### Feuerhalskäfer, Pyrochroa Fab.

Kopf hinter den Augen eckig erweitert, Augen nierenförmig. Fühler elfgliedrig gesägt, die Glieder vom dritten Glied an in einen Fortsatz erweitert. Auf schattigen Grasplätzen.

**Fig. 22.** Hochroter Feuerhalsk., P. coccinea L. Stirn mit einer viereckigen, nach hinten abgerundeten, beim Männchen scharf begrenzten Vertiefung. Nicht selten in Birken-, Wallnuß- und Nadelholzstöcken.

**Fig. 23.** Roter Feuerhalsk., P. rubens Fab. Kleiner, Stirn mit einem tiefen mondförmigen Eindruck, Halsschild mit einer feinen Mittelrinne. Unter Eichen-, Buchen- und Weidenrinden.

## 37. Familie. Stachelkäfer, Mordellidae.

Halsschild vorn schmal, am Grunde so breit wie die Schultern, Kopf mit ihm in Form eines Halses verbunden. Flügeldecken nach hinten verengt, wenigstens den After nicht bedeckend. Fühler fadenförmig. Auf Blüten.

### Stachelhalskäfer, Mordella L.

Hinterleib in eine stachelförmige Spitze ausgezogen. Klauen sägeförmig, gezähnt. Auf Blüten und morschem Holze; sehr flüchtige, schnelle, purzelnde Bewegung machende Käfer.

**Fig. 24.** Gebänderter Stachelhalsk., M. fasciata Fab. Fühler gesägt, ihre Wurzelglieder gelbbraun. Flügeldecken schwarz, dicht behaart mit grauen Bändern. Auf Blüten sehr gemein.

## 38. Familie. Springhalskäfer, Rhipiphoridae.

Wie die vorige Familie, nur sind die Fühler stark gesägt, gekämmt oder fächerförmig. Leben zum Teil bei Hautflüglern.

### Wedelhalskäfer, Metoecus Gerst.

Flügeldecken den ganzen Leib bedeckend und an der Naht klaffend. Hinterfüße mit länglichen walzenförmigen Gliedern. Die einzige Art lebt in den Nestern der gemeinen Wespe. Ent. Nachr. 1883, p. 45.

**Fig. 25.** M. paradoxus L. Flügeldecken der Männchen ganz oder teilweise gelb, bei den Männchen mit zwei sehr langen Fortsätzen; bei den Weibchen sind diese bedeutend kürzer. In Wespennestern nicht selten, sonst sehr selten zu finden.

## 39. Familie.

## Blasenkäfer, Reizkäfer, Cantharidae.

Körper weich, geflügelt oder ungeflügelt. Kopf vertikal, breiter als das Halsschild und in einen Hals verengt. Die Käfer leben auf Bäumen und Gras, die Larven sind Schmarotzer bei Hautflüglern.

### Ölreizkäfer, Maiwurm, Meloe L.

Ungeflügelt, Hinterleib bei den Weibchen ungewöhnlich groß und von den meist kurzen Flügeldecken nicht bedeckt. Fühler faden- oder schnurförmig. Im Gras. Die jungen sechsfüßigen Larven verbergen sich in Blüten, lassen sich von Bienen in den Bienenstand tragen, nähren sich von Bieneneiern und verlassen dann den Stock, um sich nochmals in eine fußlose Made zu verwandeln.

**Fig. 26.** Maiwurm, Ölkäfer, M. proscarabaeus L. Schwarz mit blauem Schimmer. Fühler und Beine schwarzblau. Flügeldecken des Männchens fast so lang als wie der Hinterleib. Im Frühjahr gemein auf Wegen und im Gras.

### Schlaureizkäfer, Lytta Fab. Cantharis L.

Geflügelt, weich, Flügeldecken viel breiter als das Halsschild, ziemlich walzenförmig. Die einzige deutsche Art ist:

**Fig. 29.** Spanische Fliege, Pflasterkäfer, O. versicatoria L. Gold- oder bläulichgrün. Erscheinen in manchen Jahren in großer Anzahl auf Eschen, Flieder und Rainweide, und sind schon in ziemlicher Entfernung durch einen eigentümlich, narkotischen Geruch zu bemerken. Die Larven schmarotzen bei Hautflüglern.

## 40. Familie. Schmalkäfer, Oedemeridae.

Flügeldecken viel breiter als das kurze Halsschild, lang und nach der Spitze meist verengt. Fühler lang, faden- oder borstenförmig. Die Käfer leben auf Blüten, die Larven in altem Holze und Pflanzenstengeln.

### Blumenschmalkäfer, Nacerdes Schmidt.

Länglich, gleich breit, Flügeldecken flach mit zwei schwachen Längslinien. Fühler der Männchen zwölf-, die der Weibchen elfgliedrig. Beine schwach, die Schenkel beim Männchen verdickt. Auf Blüten.

**Fig. 27.** Brauner Blumenschmalk., N. melanura L. Kopf und Halsschild rötlichgelb. Flügeldecken gelb mit schwarzer Spitze. Schildchen der Männchen fast herzförmig, bei den Weibchen fast viereckig. Überall selten auf Blüten, Larven im alten Holz.

### Schenkelschmalkäfer, Oedemera Ol.

Fühler fadenförmig, elfgliedrig. Kopf stark nach vornen verlängert. Halsschild kurz, Flügeldecken an den Schulterdecken am breitesten. Die Hinterschenkel der Männchen verdickt. Auf Blüten.

**Fig. 28.** Gelber Schenkelschmalk., O. femorata Scop. Schwarz, grau behaart. Flügelwurzel und Flügeldecken gelbbraun. Hinterschenkel des Männchen sehr verdickt. Auf Doldenblumen, besonders Aegopadium podagraria, gemein.

---

# Dritte Gruppe.

Käfer mit vier Gliedern an allen Füßen. Viergliedrige Tetramera.

## Tafel XIII.

## 41. Familie.

## Rüsselkäfer, Rüssler, Curcurlionidae.

Kopf rüsselförmig verlängert. Fühler fast immer gekniet, gegen die Spitze hin verdickt. Die Rüsselkäfer sind eine sehr große Familie, leben alle von Pflanzenteilen, und werden diesen oft sehr gefährlich. Ihre Larven sind fußlose Würmer, welche ebenfalls von Blättern, Stengeln oder Wurzeln leben.

## Dickmaulrüssler, Otiorhynchus Germar.

Hochgewölbt, meist schwarz gefärbt. Fühler lang, ihr Schaft über die Augen hinausreichend. Flügeldecken länger oder kürzer eiförmig, an den Schultern abgerundet. Die vielen, sehr schwer zu unterscheidenden Arten leben meist im Gebirge.

**Fig. 1.** Einfarbiger Dickmaulr., O. unicolor Hbst. Schwarz, glänzend. Halsschild fast so lang als breit. Flügeldecken undeutlich punktiert. In Gebirgswäldern nicht selten.

**Fig. 2.** Brauner Dickmaulr., Näscher, O. ligustici L. Schwarz, dichter oder spärlicher grau beschuppt. Rüssel mit einer erhabenen Mittellinie. An den jungen Trieben von Pfirsichen und an Reben.

## Grünrüssler, Phyllobius Schönherr.

Geflügelt, mit sehr kurzem, dickem Rüssel, ziemlich langen und dünnen Fühlern, deren zwei erste Glieder länglich, die folgenden kegelförmig sind. Sie befinden sich oft in großer Menge auf den verschiedensten Sträuchern und benagen deren Blätter.

**Fig. 3.** Gespornter Grünrüssler, Ph. calcaratus Fab. Schwarz, mit langen, grauen, graugelben oder grünen Schuppen bei deckt. Schenkel deutlich gezähnt. Gemein in Laubwäldern.

## Rindenrüssler, Liophloeus Germ.

Flügeldecken breit, vorn abgestutzt. Fühler ziemlich lang und dünn, die Geisel siebengliedrig, Schenkel keulenförmig, stumpf gezähnt. Auf blühenden Gesträuchern.

**Fig. 4.** Wolkiger Rindenrüssler, L. nubilus Fab. Schwarz, dicht punktiert, dicht grau beschuppt. Fühler mit Ausnahme der Kolben rotbraun. Überall auf Wegen und blühenden Gesträuchern.

## Rückenrüssler, Barynotus Germar.

Ungeflügelt. Rüssel kürzer als das Halsschild, ziemlich dick. Fühler ziemlich dünn, ihr Schaft die Mitte der Augen erreichend, die zwei ersten Glieder länglich, die übrigen kurz. Unter Steinen, selten auf Gesträuchern.

**Fig. 5.** Dunkelgefärbter Rückenr., B. obscurus Fab. Schwarz, braun und grau beschuppt. Flügeldecken undeutlich punktiert gestreift. Überall gemein.

## Schließrüssler, Strophosomus Schönh.

Ungeflügelt, beschuppt mit aufstehenden Haaren oder Börstchen. Rüssel kurz, eckig, oben flach. Fühler ziemlich dünn, ihr Schaft den Hinterrand der Augen erreichend. Auf sandigen Grasplätzen unter Steinen, selten auf Gesträuchern.

**Fig. 6.** Haselnuß-Schließr., St. coryli Fab. Schwarz mit großen pechbraunen Fühlern und Beinen. Flügeldecken punktiert gestreift, grau und bräunlich beschuppt. Besonders auf Haselgebüschen sehr häufig.

## Schattenrüssler, Sciaphilus Schönh.

Länglich eirund oder fast kugelrund. Rüssel kurz, oben ziemlich flach, an der Spitze ausgerandet. Die Männchen meist viel kleiner und länglicher als die Weibchen. Im Gras an sandigen, sonnigen Plätzen.

**Fig. 7.** Glänzender Schattenr., Sc. (Polydrusus) micans Fab. Flügeldecken regelmäßig punktiert gestreift, rot oder grünglänzend beschuppt. Sehr häufig auf jungen Blättern von Laubholzbäumen.

## Kurzhalsrüssler, Brachyderes Schönh.

Ungeflügelt. Flügeldecken sehr lang gestreckt, die Schenkel ungezähnt und die Vorderschienen an der Spitze gebogen. Auf jungen Föhren.

**Fig. 8.** Bestäubter Kurzhalsr., B. incanus L. Pechbraun, mit metallisch glänzenden Schüppchen bedeckt. Fühler rotbraun. Im Frühjahr häufig.

## Getreiderüssler, Sitones Schönh.

Geflügelt. Flügeldecken länglich mit stumpfen Schulterecken. Fühler ziemlich dünn, das erste Glied länglich, dicker als die folgenden, das zweite etwas länger, die folgenden kurz. Auf krautartigen und holzigen Pflanzen.

**Fig. 9.** Liniierter Getreider., S. lineatus L. Schwarz, braun, grau oder grünlichgrau beschuppt. Flügeldecken mit drei helleren Längsstreifen. Auf Kleefeldern, sehr häufig.

## Erzrüssler, Metallites Germ.

Körper weich, geflügelt. Rüssel sehr kurz, vierkantig aber flach mit einer tiefen Fühlerfurche. Auf Gesträuchen.

**Fig. 10.** Weicher Erzrüssler, M. mollis Germ. Schwarz oder braun; Fühler und Beine gelbbraun, Flügeldecken gestreiftpunktiert, grün beschuppt. Auf jungen Fichten nicht selten.

## Taurüssler, Polydrusus Schönh.

Der vorigen Gattung sehr ähnlich, ebenfalls geflügelt. Rüssel kurz, mehr oder weniger rund. Auf Gesträuchern.

**Fig. 11.** Seidenglänzender Taur., P. sericeus Schall. Unbehaart mit grünen oder bläulichen Schüppchen bedeckt. Füße und Beine blaß gelbbraun. Sehr häufig.

## Schlankrüssler, Tanymecus Germ.

Körper länglich, geflügelt. Halsschild länger als breit. Fühler ziemlich dünn, die ersten zwei Glieder länglich, die folgenden kurz. Rüssel kurz, viereckig. Auf krautartigen Pflanzen.

**Fig. 12.** Brauner Schlankr., T. palliatus Fab. Schwarz, oben braungrau, unten weißgrau, fein beschuppt. Beim Weibchen ist der erste und zweite Bauchring grubenartig vertieft. Auf Nesseln, Disteln und Rüben.

## Grünrüssler, Chorophanus Dalm.

Geflügelt. Fühlerschaft die Augen nicht erreichend. Schienen an der Spitze in einen langen, scharfen Hornhaken nach innen erweitert. Auf Gesträuchern und Bäumen.

**Fig. 13.** Gewöhnlicher Grünr., Ch. viridis Fab. Oben grün beschuppt, die Seiten des Halsschildes und der Flügeldecken gelb, letztere mit einem kurzen Dorn. Häufig auf Erlen, Weiden und Haseln.

## Kleinaugrüssler, Minyops Schönh.

Ungeflügelt. Augen seitenständig, klein, länglich-eiförmig. Rüssel ziemlich dick und lang, schwach gebogen. Fühler kurz, das erste Glied länglich, das zweite kaum länger als das dritte, die übrigen sehr kurz. Die einzige deutsche Art:

**Fig. 14.** Rauher Kleinaugrüssler, M. variolosus Fab. Schwarz mit vielen Vertiefungen, grau bestäubt, häufig mit einer lehmartigen Kruste überzogen. Unter Steinen nicht überall.

## Faulrüssler, Molytes Schönh.

Ungeflügelt, entweder nackt oder mit gelben Schüppchen gefleckt. Flügeldecken mit abgerundeten Schultern. Fühlerschaft die Augen nicht erreichend. Schildchen deutlich. Auf Wegen, im Gras und unter Steinen.

**Fig. 15.** Ähnlicher Faulr., M. germanus L. Flügeldecken und Halsschild mit vielen vertieften, gelbbeschuppten Flecken. Letzter Bauchring beim Weibchen einfach, beim Männchen etwas eingedrückt. Häufig. M. glabratus Fab., glatt, größer und seltener.

## Ziegelrüssler, Plinthus Germ.

Ungeflügelt. Flügeldecken an der Basis gemeinschaftlich ausgerandet, mit stumpf hervorragenden Schultern. Schildchen sehr undeutlich sichtbar. Fühler ziemlich dünn, die ersten zwei länglich, die anderen knotig. Unter Steinen.

**Fig. 16.** Sturm's Ziegelr., P. Sturmii Germ. Pechschwarz, fein behaart. Halsschild runzlig punktiert, Flügeldecken stark punktiert gestreift, mit kleinen Höckerchen. In Gebirgsgegenden, selten.

## Seidenrüssler, Alophus Schönh.

Der vorigen Gattung ähnlich, nur erreicht der Fühlerschaft die Augen lange nicht. Körper beschuppt, ungeflügelt. Die einzige deutsche Art unter Steinen, nicht selten:

**Fig. 17.** Dreipunktiger Seidenr., A. triguttatus Fab. Schwarz mit grauen und braunen Schuppen bekleidet, Flügeldecken gestreift, jede mit zwei heller beschuppten Flecken.

## Krautrüssler, Hypera Germ. Phytonomus Schönh.

Teils geflügelt, teils flügellos. Fühler dünn, siebengliedrig, die zwei ersten mehr oder weniger länglich, die folgenden fast schnurförmig. Hinterrand des Halsschildes sanft gerundet. Auf Pflanzen.

**Fig. 18.** Punktierter Krautr., H. punctata Fab. Geflügelt. Grau und braun beschuppt, die Seiten der Flügeldecken und die Unterseite dicht grau-weiß beschuppt. Fühler und Schienen braunrot. Sehr häufig auf trockenen Sandsteinplätzen.

**Fig. 19.** Veränderlicher Krautr., H. variabilis Hbst. Grau beschuppt, dem Murinus Fab. sehr ähnlich, aber kleiner, das Halsschild kürzer mit einem nackten Punkt, die Flügeldecken braun punktiert. Sehr häufig.

## Heiderüssler, Cleonus Schönh.

Körper länglich, beschuppt, geflügelt oder ungeflügelt. Rüssel kurz mit durchaus sehr tiefen, stark nach unten gekrümmten Fühlerfurchen. Fühler ziemlich kurz und dick, ihr Schaft die Augen nicht erreichend. Unter Steinen, Larven in Stengeln und Wurzeln von niederen Pflanzen.

**Fig. 20.** Gefurchter Heider., Cl. sulcirostris L. Ziemlich dicht grau behaart. Flügeldecken schwach gestreift-punktiert mit zwei schwachen schrägen Binden. Nicht selten. Larven in den Stengeln und Wurzeln von Disteln, manchmal den Runkelrüben schädlich.

**Fig. 21.** Vierpunktierter Heider., Cl. ophthalmicus Ross. Weißgrau, oder graugelb behaart. Flügeldecken je mit zwei hellen behaarten Punkten. Mehr in Süddeutschland.

**Fig. 22.** Marmorierter Heider., Cl. marmoratus Fab. Braun behaart. Kopf hinter den Augen mit einem eingedrückten Querstreifen. Flügeldecken weiß gescheckt. Manchmal nicht selten.

**Fig. 23.** Dreifach gefurchter Heider., Cl. trisulcatus Hbst. Dem sulcirostris sehr ähnlich, nur ist die mittlere Furche des Rüssels schmal. Selten. Larve im Stengel und Wurzeln von der Wucherblume.

**Fig. 24.** Zweibändiger Heider., Cl. obliquus Fab. Grau, Rüssel bräunlich, Flügeldecken mit zwei schwärzlichen schrägen Bändern. Östreich, Bayern an Kiefern.

**Fig. 25.** Grauer Heider., Cl. cinereus Schrk. Dicht graulich behaart. Halsschild mit vier weißlichen Längsstreifen. Flügeldecken schwarz punktiert und gefleckt. Sehr häufig.

**Fig. 26.** Weißlicher Heider., Cl. albidus Fab. Weißlich behaart. Flügeldecken mit zwei Binden, an der Spitze zugespitzt. Ziemlich selten an Kiefern.

## Feistrüssler, Larinus Germ.

Körper eiförmig, geflügelt, mit filzartiger Wolle bekleidet, Rüssel ziemlich lang und rund. Fühler ziemlich lang, siebengliedrig, die ersten zwei Glieder kaum länger als die folgenden. Auf Disteln, die Larven in deren Blütenboden.

**Fig. 27.** Star-Feistr., L. sturnus Schall. Rüssel mit erhabener Mittellinie. Flügeldecken ziemlich gleichmäßig grau gefleckt. Ziemlich selten auf Centaurea scabiosa.

**Fig. 28.** Flockenblumenr., L. jaceae Fab. Dem vorigen sehr ähnlich, aber kleiner, Rüssel ohne Mittelfurche und die Flügeldecken kurz, eiförmig. Nicht selten auf Distelköpfen.

**Fig. 29.** Ähnlicher Feistr., L. pollinis Leich. Ebenso, der Rüssel aber nur halb so lang als das Halsschild, Flügeldecken gelbbraun beschuppt. Hinterleib mit gestreiften schwarzen Flecken und einem gelben Flecken an der Seite. Bayern, Tirol.

## Walzenrüssler, Lixus Fab.

Körper langgestreckt, walzenförmig. Rüssel ziemlich lang und rund. Fühler nahe in der Mitte des Rüssels eingefügt. Käfer und Larven meist in den Stengeln von Schirmblumen und Korbblütler.

**Fig. 30.** Wasserschierlingr, L. paraplecticus L. Schwarz, grüngelb bestäubt, Schenkel schlank, nicht verdickt. Selten, Larven in den Stengeln von Schirmblumen, besonders aber im Wasserschierling.

**Fig. 31.** Schmaler Walzenr., L. angustatus Fab. Schwarz, grau behaart, grünlich bestäubt. Flügeldecken an der Wurzel eingedrückt, gereiht-punktiert. Größer als voriger. Selten. Larve in den Stengeln von Malven und Disteln.

**Fig. 32.** Zweifarbiger Walzenr., L. bicolor Ol. Rostbraun bestäubt, Flügeldecken an der Wurzel nicht eingedrückt, fein gestreift-punktiert. Selten im ersten Frühjahr an Mauern.

## Striemenrüssler, Lepyrus Germ.

Körper lang eiförmig, beschuppt, geflügelt. Schildchen deutlich. Vorderrand der Vorderbrust der ganzen Breite nach nur sanft ausgebuchtet. Auf Gebüsch.

**Fig. 33.** Doppeltbezeichneter Striemenr., L. colon L. Schwarz, grau beschuppt und behaart. Flügeldecken mit einem hellen beschuppten Punkt in der Mitte. Bauch an beiden Seiten mit einer Reihe weißer Flecken. Sehr gemein auf Weiden.

**Fig. 34.** Doppeltpunktierter Striemenr., L. binotatus Fab. Dem vorigen sehr ähnlich, aber kürzer eiförmig und der Bauch ohne Flecken. Seltener auf Gebüsch.

## Forstrüssler, Hylobius Germ.

Flügeldecken kurz, walzenförmig, den Hinterleib ganz bedeckend. Halsschild kaum länger als breit, nach vorn stark verengt. Vorderrand der Vorderbrust tief eingeschnitten. Rüssel etwas gebogen, gegen die Spitze etwas verdickt. Auf Nadelhölzern. Larven unter der Rinde alter Stöcke.

**Fig. 35.** Fichtenr., Forstr., H. abietis L. Schwarz, gelblichgrau beschuppt. Flügeldecken mit zwei bis vier unregelmäßig gelbbeschuppten Fleckenbinden. An den Trieben und der Rinde junger Fichten sehr häufig und oft schädlich.

## Waldrüssler, Pissodes Germ.

Flügeldecken vor der Spitze mit einer deutlichen Schwiele, walzenförmig. Vorderbrust einfach. Rüssel wenig gebogen. An den Stämmen von Nadelhölzern; Larven unter deren Rinde.

**Fig. 36.** Weißtannenwaldr., P. piceae Ill. Braun. Flügeldecken mit erhabenen Zwischenräumen und gelblichen Binden. Rüssel rotbraun, dicht punktiert. Auf Weißtannen, denen die Larven oft sehr schädlich werden.

**Fig. 37.** Fichtenwaldr., P. pini L. Etwas heller. Flügeldecken mit tiefen viereckigen Grübchen, mit einer schmalen gelben Querbinde und einigen gelben Flecken. Auf Fichten, oft sehr verderblich.

# Tafel XIV.

## Schaftheurüssler, Grypidius Schönh.

Flügeldecken eiförmig, am Grunde fast doppelt so breit als das Halsschild. Vorderschienen mit kaum sichtbaren Hinterecken. Rüssel länger als Kopf und Halsschild, rund, gebogen. Auf Wiesen.

**Fig. 1.** Gemeiner Schaftheur., G. equiseti Fab. Pechschwarz, weißlich und bräunlichgrau beschuppt. Flügeldecken hinter der Mitte schwielenartig erhöht mit einem weißen Punkte. Auf feuchten Wiesen auf Schaftheu, Equisetum.

## Langrüssler, Erirhinus Schönh.

Körper meist lang-eiförmig, Flügeldecken den Hinterleib ganz bedeckend. Rüssel lang, dünn mit einer langen Fühlerfurche. Vorderrand des Halsschildes eben und unten gerade. Auf Wasserpflanzen und auf Bäumen.

**Fig. 2.** Wickler., E. tortrix L. Braungelb, grau behaart. Flügeldecken seicht punktiert-gestreift. Auf Buchen und Weiden, selten.

## Nußrüssler, Balaninus Germ.

Körper in der Mitte am breitesten. Rüssel sehr lang und dünn, oft so lang als der ganze Körper. Flügeldecken länglich herzförmig, die Afterdecke mehr oder weniger hervorragend. Auf Gebüschen; lassen sich bei der geringsten Bewegung zu Boden fallen.

**Fig. 3.** Haselnußr., B. nucum L. Grau beschuppt. Rüssel bei den Männchen schwach, beim Weibchen stark gebogen. Die Larve davon ist der bekannte weiße Wurm in den Haselnüssen. Die kleinere Art: B. glandium Mrsch. lebt als Larve in den Eicheln und eine sehr seltene: B. villosus Hbst. erhält man aus den schwammigen Eichengallen.

## Blütenrüssler, Anthonomus Germ.

Körper hinter der Mitte bauchig erweitert geflügelt. Schildchen etwas erhaben. Augen hervorragend. Kleine Arten, welche auf Bäumen und Gesträuchern leben und oft sehr schädlich auftreten.

**Fig. 4.** Apfelblütenstecher, Brenner, A. pomorum L. Fein grau behaart mit schwärzlicher Zeichnung auf den Flügeldecken.

Der Käfer überwintert in den Ritzen der Bäume, legt seine Eier in die Knospen der Äpfelbäume, seine Larve nährt sich von den Staubgefäßen und ist unter dem Namen „Kaiwurm" bekannt und gefürchtet. An den Birnblüten lebt ebenso A. piri Koll.

## Hüpfrüssler, Orchestes Jll.

Körper geflügelt, Schildchen klein, aber deutlich. Hinterbeine mit verdickten Schenkeln. Die meist sehr kleinen Arten leben auf Blättern, können springen. Die Larven minieren in den Blättern.

**Fig. 5.** Eichen-Hüpfr., O. quercus L. Gelbbraun, grau behaart. Augen und Brust schwarz, Flügeldecken mit einem großen Flecken. Die Larve macht in den ganz jungen Eichenblättern braune Flecken, indem sie das Blatt grün verzehrt; O. Fagi L. ebenso an Buchenblättern.

## Blattschaber, Cionus Clairv.

Körper rundlich. Halsschild kurz. Flügeldecken breit, viereckig. Rüssel dünn; fadenförmig, Augen nicht hervorragend vorn an der Seite des Kopfes. Die meisten Arten leben auf Wollkraut.

**Fig. 6.** Braunwurz-Blattschaber, C. scrophulariae L. Graulich behaart, die erhabenen Zwischenräume weiß und schwarz gewürfelt. Auf der Baumwurz. C. verbasci Fab., dem vorigen sehr ähnlich, aber nur die Seiten gelblich behaart. Auf Wollkraut.

## Nacktrüssler, Gymnetron Schönh.

Flügeldecken kurz, gewöhnlich wenig länger als an den stumpfwinkligen Schultern breit. Rüssel dünn, rund fadenförmig. Auf niederen Pflanzen.

**Fig. 7.** Häßlicher Nacktr., G. teter Fab. Eiförmig, schwarz, gelbgrau behaart, Schenkel gegen die Spitze keulenförmig verdickt. Auf Löwenmaul. In Wurzelanschwellungen dieser Pflanze lebt: G. linariae L. und in den Stengelzellen: G. pilosus Schönh.

## Scheidenrüssler, Cryptorhynchus Jll.

Flügeldecken fast eiförmig, an der Spitze stark verengt, den Hinterleib ganz bedeckend. Rüssel fast so lang als Kopf und Halsschild, dünn, rund, mäßig gebogen. Die einzige deutsche Art:

**Fig. 8.** Erlen-Scheidenr., C. lapathi L. Schwarz oder pechbraun, Flügeldecken mit aufstehenden schwarzen Schuppen. Auf Erlen und Weiden, den jungen Stämmen manchmal schädlich. Larve im Holze.

## Verborgenrüssler, Ceuthorhynchus Schönh.

Körper dick, Flügeldecken am Grunde viel breiter als das Halsschild. Rüssel dünn, fadenförmig, gebogen. Fühler etwas vor der Mitte des Rüssels eingelegt. Auf Blumen, an Mauern und Häusern.

**Fig. 9.** Natterkopfrüssler, C. echii Fab. Schwarz, oben graubraun, unten meist beschuppt. Auf Echium vulgare. Von den vielen, schwer zu unterscheidenden Arten ist noch sulcicollis Gyll. zu bemerken, welcher in Gallen an Kohlarten vorkommt.

## Mauszahnrüssler, Baridius Schönh., Baris Germ.

Länglich, ziemlich walzenförmig. Halsschild lang, an der Spitze verengt. Augen seitenständig, Schildchen klein, rund. Auf Pflanzen.

**Fig. 10.** Kupferfarbener Mauszahnr., B. cuprirostris Fab. Hellgrün glänzend, Rüssel punktiert. Selten in Stengeln von Kohlarten, wo auch die schwarze B. picinus Germ. zu finden ist.

## Getreiderüssler, Calandra Clairv.

Körper länglich, glatt. Fühlerkolben lang, eiförmig, stumpfspitzig. Rüssel dünn, fadenförmig. Vorderschienen am Innenrand mit kleinen Kerbzähnen. Im Getreide.

**Fig. 11.** Kornrüssler, C. granaria L. Braun, selten schwarz, Fühler und Beine rostrot. Im Getreide, die Larven davon sind als „schwarze Kornwürmer“ bekannt und gefürchtet.

## Klemmrüssler, Cossonus Fab.

Körper lang, glatt. Fühler hinter der Mitte des Rüssels eingefügt, ziemlich dick. Flügeldecken mehr als doppelt so lang als breit. Unter morscher Baumrinde.

**Fig. 12.** Dünner Klemmr., C. linearis L. Pechschwarz, Fühler und Beine rostrot, oft der ganze Käfer braun. Flügeldecken auf der vorderen Hälfte flach gedrückt. Im Holz von Weiden und Pappeln.

## Holzrüssler, Magdalinus Schönh.

Flügeldecken walzenförmig, an der Wurzel abgerundet, mit aufstehendem Rande, die Afterdecke freilassend. Fühler länglich, ihr Schaft an der Spitze keulenförmig verdickt.

**Fig. 13.** Pflaumen-Holzr., M. pruni L. Schwarz. Fühler bis auf die Keule rötlich gelbbraun. Rüssel kurz, gerade. Häufig auf Obstbäumen, Larven im dürren Holz.

## Spitzmäuschen, Apion Herbst.

Kopf nebst Augen fast so breit als das Halsschild. Fühler ziemlich dünn mit ovalem, zugespitztem Endknopfe. Rüssel ahlförmig zugespitzt. Die vielen kleinen, schwer zu unterscheidenden Arten leben auf Pflanzen und Sträuchern. Larven in Samen, Blättern und Stengeln.

**Fig. 14.** Blaues Spitzm., A. pomonae Fab. Schwarz mit blauen Flügeldecken. Rüssel an der Unterseite gewöhnlich sackförmig erweitert. Auf Gesträuchern und Obstbäumen an den Blüten.

**Fig. 15.** Rotes Spitzm., A. miniatum Schönh. Blutrot, die Augen schwarz, Rüssel ziemlich dick. Flügeldecken länglich, eiförmig, tief punktiert gestreift. Auf Zitterpappeln und Weiden in Gallen.

## Blattwickler, Apodorus Ol.

Körper rundlich. Kopf am Grunde bedeutend halsförmig verengt, wie an einem Stiele hängend. Flügeldecken breiter als das Halsschild. Auf Gesträuchern.

**Fig. 16.** Haselnußwickler, A. coryli L. Rot oder rötlichgelb. Kopf, Fühler und Schildchen schwarz. Auf Haseln. Verfertigt sich von den Blättern eine Rolle, in welchem seine Larve lebt.

## Rollrüssler, Attelabus L.

Der vorigen Gattung sehr ähnlich, aber dicker, und der Kopf ist hinter den Augen nicht oder nur wenig verengt. Auf Eichen.

**Fig. 17.** Eichenwickler, A. curculionoides L. Schwarz, stärker, die Flügeldecken dunkler rot, wie bei A. coryli, nur sind die Wurzelglieder der Fühler gewöhnlich rot. Lebensweise auf Eichen, wie bei diesen.

### Stecher, Blattwickler, Blattroller, Rhynchites Herbst.

Wie bei der vorigen Gattung, nur sind die Vorderschienen innen nicht gezähnt. Auf Gesträuchern und Bäumen. Die Larven leben in den Früchten, Trieben oder in Blattwickeln.

**Fig. 18.** Purpurroter Apfelstecher, Rh. bacchus L. Purpurrot, goldglänzend. Halsschild, Fühler und Füße ganz schwarzblau. Im Frühjahr an Äpfeln und Schlehen, zerfrißt zuerst die Blüten, dann legt er seine Eier in die unreifen Früchte, in welchen die Larven leben.

**Fig. 19.** Blattroller, Rebenstecher, Zapfenwickler, Bolzenstecher, Rh. betuleti Fab. Blau oder grün, unbehaart, größer und feiner punktiert als der an Pappeln lebende Rh. populi L. Verfertigt sich von den Blättern von Äpfeln und Birnen, und im Süden besonders von Reben, Blattrollen, in welchen die Larven leben.

**Fig. 20.** Behaarter Rollrüssler, Rh. pubescens Fab. Blau, behaart. Selten auf jungen Eichen.

## 42. Familie. Ächte Borkenkäfer, Scolytidae (Bostrychidae).

Körper walzenförmig, hinten meist abgestutzt. Kopf mehr oder weniger in's Halsschild zurückgezogen, vorn nicht rüsselförmig verlängert. Fühler mit einem großen derben Erdknopfe. Sie leben auf Bäumen und verursachen besonders an Nadelhölzern oft sehr großen Schaden.

### Bastkäfer, Hylastes Er.

Spitze der Flügeldecken nicht abschüssig gewölbt. Fühler fadenförmig, Fühlerkeule rundlich zusammengedrückt. Unter der Rinde von Nadelhölzern.

**Fig. 21.** Schwarzer Bastk., H. ater Payk. Schwarz, Rüssel an der Spitze eingedrückt. Fühler und Füße rotbraun. Sehr häufig unter Kiefernrinde.

**Fig. 22.** Kiefernzweigk., Waldgärtner, H. (Hylurgus) piniperda L. Schwarz mit braunen Flügeldecken, Fühler und Füße rostrot. Lebt unter der Rinde von Kiefern. Die Larven leben in den Trieben, welche braun werden und dann abfallen.

**Fig. 23.** Fichtenbastk., H. (Dendroctonus) micans Kug. Schwarz, braun oder gelbbraun, mit langen graugelben Haaren bedeckt. Flügeldecken runzlig punktiert. Unter Fichtenrinde.

**Fig. 24.** Apfelsplintk., H. (Scolytus) pruni Ratzeb. Schwarz, glänzend, Vorder- und Hinterrand des Halsschildes und die Flügeldecken braun. Unter der Rinde alter Pflaumenbäume.

### Zahnborkenkäfer, Bostrychus Fab., Tomicus Latr.

Spitzen der Flügeldecken abschüssig. Fühler fadenförmig, fünfgliedrig, mit großem, geringeltem Endknopf und fünfgliedriger Geisel. In oder unter der Rinde von Bäumen und Gesträuchern.

**Fig. 25** und Larvengänge. Achtzähniger Zahnborkenk. Buchdrucker, B. typographus L. Braun oder ganz braun. Flügeldecken am Ende beiderseits mit vier Zähnchen. Unter der Rinde von Fichten sehr häufig und schädlich. Der einzige Borkenkäfer, welcher Lothgänge macht.

**Fig. 26.** Zottiger Fichtenborkenk., B. (Dryocetes) autographus Ratzeb. Halsschild hinten verschmälert, grob und weitläufig punktiert. Den Fichten ebenfalls oft schädlich.

**Fig. 27.** Buchenborkenk., B. (Xyloterus) domesticus L. Schwarz, Flügeldecken fast doppelt so lang als breit, braungelb. In Buchen, Ahorn, Linden und Birken, selten.

## 43. Familie. Bürstenkäfer, Anthribidae.

Rüssel meist breit. Fühler elfgliedrig, öfters keulenförmig. Tarsen undeutlich viergliedrig, weil das dritte Glied in dem tief gespaltenen zweiten versteckt ist. Flügeldecken lassen die Afterdecke frei. Auf Holz und Gesträuchern.

### Plattbürstenkäfer, Platyrhinus Clairv.

Augen rund, stark hervorragend. Stirne eingedrückt. Rüssel sehr breit und flach. Flügeldecken auf dem Rücken flach gedrückt. Die einzige Art:

**Fig. 28.** Breitrüssler, Pl. latirostris Fab. Länglich, dicht grau behaart. Spitze der Flügeldecken, Brust und Bauch weiß. In alten Buchen und Ulmenstöcken.

**Fig. 29.** Weißrüsseliger Plattbürstenk., Pl. (Tropideres) albirostris Hbst. Schwarz, grau gesprenkelt, der Rüssel und ein großer Flecken an der Flügelspitze weiß. Selten in Eichen-, Linden- und Buchenstumpen.

### Maulbürstenkäfer, Anthribus Fab.

Länglich, Augen nierenförmig. Ihr Vorderrand deutlich ausgebuchtet. Fühler beim Männchen sehr lang, beim Weibchen nur halb so lang. Die einzige Art:

**Fig. 30.** Weißlicher Maulbürstenk., A. albinus L. Schwarzbraun, graubraun behaart. Rüssel, Stirn und ein Fleck auf den Flügeldecken weiß. Beim Männchen sind die Spitzen aller Fühlerglieder, beim Weibchen nur das dritte Glied weiß. Selten in Buchen- und Ulmenstöcken.

## 44. Familie. Bockkäfer, Böcke, Cerambycidae, Longicornia.

Körper gestreckt, mehr walzig als flach, meist ansehnlich groß. Fühler borsten- oder fadenförmig, so lang, oder länger als der Leib. Beine schlank mit viergliedrigen Füßen und breiter schwammiger Sohle. Auf Blüten, am Holze, die langgestreckten Larven leben im Holz und Stengeln von Pflanzen.

## Tafel XV.

### Waldbockkäfer, Spondylis Fab.

Walzenförmig. Halsschild vorn und hinten verengt. Fühler schnurförmig, halb so lang als der Leib. Die einzige deutsche Art, welche nicht selten in Wäldern an Fichten lebt, ist:

**Fig. 1.** Rollenschröter, Sp. buprestoides L. Schwarz, dicht und ungleich punktiert. Larve in alten Fichtenstumpen.

### Zimmermannsbockkäfer, Ergates Serv.

Fühler borstenförmig. Seitenrand des Halsschildes fein gekerbt oder gezähnt, mit einem kleinen seitlichen Dorn. Die einzige, überall meist seltene Art, ist:

**Fig. 2.** E. Faber L. Pechbraun, das erste Fühlerglied stark verdickt. Halsschild beim Männchen fein gekerbt, beim Weibchen fein gezähnt. Larve im Moder alter Kiefern, Weiden und Pappelbäume.

## Forstbockkäfer, Prionus Geoff.

Halsschild=Seitenrand mit drei größeren Spitzen, Fühler der Männchen gesägt. Flügeldecken breit, flachgedrückt. Die einzige bei uns an Buchen und Eichen vorkommende Art ist:

**Fig. 3.** Gerberbockk., P. coriarius L. Pechschwarz. Brust dicht grau behaart. Flügeldecken runzlig punktiert. Im Moder alter Bäume, ziemlich häufig.

## Eichenbockkäfer, Cerambyx L.

Kopf geneigt. Halsschild an der Seite mit einer deutlichen Spitze, grob=querrunzelig, Fühler beim Männchen länger als der Körper, beim Weibchen ebenso lang. In Eichen.

**Fig. 4.** Großer Eichenbockk., Held oder Spißbock., C. heros Fab. (cerdo L.) Glänzend schwarz, Fühlerspitze und Unterseite fein grau behaart. Die Larve lebt in gesunden Eichen und macht sehr große Gänge. Die Käfer nächtlich an Eichensaft.

**Fig. 5.** Kleiner Eichen= oder Runzelbockk., C. cerdo Scop. (Scopolii Füssl.) Glänzend schwarz, Flügeldecken gegen die Spitze nicht verengt. In Buchen= und Eichenholz, nicht selten.

## Purpurbockkäfer, Purpuricenus Serv.

Fühler spärlich behaart, das Männchen borstenförmig, zwölf=gliedrig, länger, des Weibchen fadenförmig elfgliedrig, nicht länger als der Körper. Auf Bäumen.

**Fig. 6.** Gewöhnlicher Purpurbockk., P. Köhleri Fab. Halsschild ganz schwarz oder beiderseits mit einem größeren oder kleineren Flecken. Selten, Larve an kranken Pfirsichbäumen.

## Alpenbockkäfer, Rosalia Serv.

Fühler elfgliedrig, borstenförmig, beim Weibchen wenig, beim Männchen viel länger als der Körper, quastenartig behaart. Die einzige an Buchen vorkommende Art ist:

**Fig. 7.** R. alpina L. Fein blaugrau behaart mit schwarzen Flecken. In Gebirgsgegenden nicht selten. Larve in abgestandenen Buchen.

### Moschusbockkäfer, Aromia Serv.

Fühler elfgliedrig, borstenförmig, unbehaart, beim Männchen länger, beim Weibchen kürzer als der Leib. Die einzige an Weiden vorkommende Art ist:

**Fig. 8.** A. moschata L. Blau, grün oder kupferfarben, äußerst dicht und fein runzlig punktiert. Verbreitet einen starken Moschusgeruch, häufig auf Weiden.

## Tafel XVI.

### Scheibenbockkäfer, Callidium Fab.

Fühler elfgliedrig, faden- oder borstenförmig. Augen stark ausgerandet. Halsschild rundlich. Schenkel keulenförmig verdickt. Auf Blüten und Stämmen. Larven in alten Baumstöcken und Holz.

**Fig. 1.** Blauer Scheibenbockk., C. violaceum L. Oben heller, unten dunkler blau, violett, oder grünlichblau, Fühler und Beine schwarz. Nicht selten unter Kiefern- und Erlenrinde.

**Fig. 2.** Roter Scheibenbockk., C. sanguineum L. Rot mit samtartigem Überzuge. An Buchen und Hainbuchen nicht selten, aber nicht überall.

**Fig. 3.** Einfachgebänderter Scheibenbockk., C. unifasciatum Fab. Rotbraun, der hintere Teil der Flügeldecken dunkler mit einer weißen Querbinde. Mehr in Süddeutschland.

**Fig. 4.** Rotfüßiger Scheibenbockk., C. rufipes Fab. Dunkelblau, behaart, Unterseite schwärzlich. Fühlerwurzeln und Beine rötlichgelb. Selten.

**Fig. 5.** Veränderlicher Scheibenbockk., C. variabilis L. Entweder blau, oder blau mit rotgelbem Halsschild oder gelbrot. Sehr häufig unter Buchen-, Eichen- oder Weidenrinde.

### Balkenbockkäfer, Hylotrupes Serv.

Flügeldecken flach, breit, wie das Halsschild mit spärlichen grauen Fleckchen bedeckt. Fühler fadenförmig, beim Männchen so lang, beim Weibchen kürzer als der Körper. Die einzige Art:

**Fig. 6.** H. bajulus L. Pechschwarz oder braun, bei reinen Exemplaren mit einigen Flecken dichter Behaarung. Häufig in altem Tannenholz, Gerätschaften und Pfosten.

## Listbockkäfer, Tetropium Kirb.

Fühler borstenförmig, halb so lang als der Leib, Flügeldecken breiter als das Halsschild. Schenkel stark verdickt. An Stämmen.

**Fig. 7.** Brauner Listbockk., T. luridum L. Fein grau behaart. Halsschild etwas glänzend. Gemein an Fichten und Weißtannenstämmen.

## Strunkbockkäfer, Asemum Esch.

Halsschild rundlich, etwas schmäler als die Flügeldecken, aber nicht flach gedrückt, nur mit einigen undeutlichen Grübchen. Die einzige Art:

**Fig. 8.** A. striatum L. Mattschwarz, Flügeldecken mit drei Längslinien, selten sind dieselben braun. An alten Fichten- und Kiefernstöcken.

## Widderkopfbockkäfer, Criocephalus Muls.

Flügeldecken nur wenig breiter als das Halsschild, und fast dreimal so lang als zusammen breit. Weibchen mit hervorragendem Legestachel. Die einzige Art:

**Fig. 9.** Cr. rusticus L. Braun, Halsschild mit zwei oder mehreren Grübchen. Flügeldecken mit drei Längsstreifen. Nicht selten in ausgerodeten Kiefernwurzelstöcken.

## Widderkäfer, Zierbockkäfer, Clytus Fab.

Halsschild länglich oder rundlich, mehr oder weniger kugelig gewölbt, Flügeldecken gewöhnlich so breit als das Halsschild. Oberseite des Körpers stets mit haariger Zeichnung. Auf Blüten und gefälltem Holze. Larven im Holz.

**Fig. 10.** Abgenutzter Zierbockk., C. detritus L. Schwarz, gelb behaart mit vier bis fünf gelben Binden, von denen die hinteren mehr oder weniger zusammenfließen. Auf Eichen. Nicht selten.

**Fig. 11.** Bogenstrichk., C. arcuatus L. Flügeldecken mit vier bis fünf dünnen gebogenen gelben Binden und auf der Naht eine gemeinschaftliche gelbe Makel. An Eichen, Buchen und Weiden.

**Fig. 12.** Dänischer Zierbockk., C. liciatus L. Flügeldecken an der Spitze abgerundet mit einigen weißlichen zackigen Binden. An Eichen, Ulmen, Linden und Pappeln.

**Fig. 13.** Gewöhnlicher Widderbockk., C. arietis L. Halsschild schwarz, nur an dem Vorderrand gelb. Flügeldecken mit einigen gebogenen und einer geraden gelben Binde. Häufig an Rosen, Eichen, Buchen.

Vierpunktierter Zierbockk., C. quadripunctatus Fab. Oberseite grünlichgelb, Flügeldecken jede mit drei kleinen runden Flecken und einem kleinen an den Schultern. Mehr in Süddeutschland.

**Fig. 14 und 15.** Wollkrautzierbockk., C. verbasci Fab. Grünlichgelb. Flügeldecken mit zwei unterbrochenen Binden und einer geraden Binde hinten. Selten auf Blumen.

**Fig. 16.** Leichen-Zierbockk., C. plebejus Fab. Schwarz. Flügeldecken mit weißlicher Zeichnung. Auf blühenden Spierstauden, mehr im südlichen Deutschland.

**Fig. 17.** Dreifarbiger Zierbockk., C. mysticus L. Schwarz, Flügeldecken anfangs rot, dann schwarz mit weißlicher Spitze. Auf Weißdornblüten. Larven in alten Obstbäumen und Erlen.

## Braunbockkäfer, Anisarthron Redt.

Flügeldecken breiter als das Halsschild, Schenkel nicht keulenförmig. Klauen an der Wurzel zahnförmig erweitert. Die einzige Art auf Blüten ist:

**Fig. 18.** A. barbipes Charp. Flügeldecken rötlich braun. Halsschild schwarz. Mehr in Gebirgsgegenden.

## Engbockkäfer, Stenopterus Ol.

Flügeldecken am Halsschild breiter, nach hinten stark pfriemenförmig verengt. Auf Blüten.

**Fig. 19.** Roter Engbockk., St. rufus L. Schwarz, zottig behaart. Flügeldecken gelbbraun, an der Wurzel schwarz. Wurzeln der Flügeldecken und Beine rötlichgelb. Sehr häufig auf Blüten.

## Samtbockkäfer, Dorcadion Dalm.

Körper breit, Halsschild in der Mitte am breitesten. Fühler borstenförmig, ziemlich dick, selten länger als der Körper. Auf Wegen und an Mauern, mehr im Osten, auf den Hinterfüßen sitzend.

**Fig. 20.** Quadrilineatum.

**Fig. 21.** Schlotfeger, D. fuliginator L. Schwarz, die Flügeldecken dicht weiß behaart. Mehr in Süddeutschland mit der Varietät:

### Zimmerbockkäfer, Lamia Fab.

Geflügelt. Flügeldecken gekörnt, doppelt so lang als breit.

**Fig. 22.** Weberzimmerbock, Weber, L. textor L. Schwarz mit dicht anliegender brauner Behaarung. Häufig an alten Weiden uud Pappeln.

## Tafel XVII.

### Dornbockkäfer, Monohammus Meg.

Flügeldecken beim Weibchen walzenförmig, beim Männchen gegen die Spitze verengt. In Gebirgsgegenden.

Schusterbock, M. sutor L. Schwarz mit braunem Metallglanz. Schildchen gelblich behaart mit einer vertieften nackten Längslinie, während der Schneiderbock, M. sartor Fab., ein gelbes dicht befilztes Schildchen hat. Beide an gefälltem Nadelholz.

### Stachelbockkäfer, Acanthoderus Serv.

Drittes Fühlerglied sehr lang, Weibchen mit einem Legestachel.

**Fig. 1.** Grauer Stachelbockk., A. varius Fab. Schwarz, dicht behaart. Selten in Holzlagern.

### Spürbockkäfer, Astynomus Redt.

Flügeldecken doppelt so lang als breit. Fühler borstenförmig, beim Weibchen doppelt so lang, beim Männchen drei- bis fünfmal so lang als der Körper. Auf gefälltem Holze.

**Fig. 2.** Gemeiner Spürbock, Zimmerbock, Schreinerbock, A. aedilis L. Braun, dicht behaart. Flügeldecken beim Weibchen gegen die Spitze verengt. Gemein an gefällten Kiefern, besonders an Holzlagern.

**Fig. 3.** Bestäubter Spürbock, A. atomarius Fab. Schwarz, mit dichtem graubraunem, scheckigem Haarüberzug. Seltener als voriger an Eichen und an Holzplätzen.

### Dickbeinbockkäfer, Leiopus Serv.

Flügeldecken fast doppelt so lang als breit. Letzter Bauchring beim Männchen etwas mehr kegelförmig zugespitzt als beim Weibchen. An Holzlagern.

**Fig. 4.** Tannenbock, L. nebulosus L. Schwarz, graulich behaart. Flügeldecken mit zwei helleren gelblichen Binden. Nicht selten in alten Tannen, Fichten und Weidenstöcken.

### Barthornkäfer, Pogonocherus Meg.

Halsschild an der Seite mit einem spitzigen Dorne. Flügeldecken mit stark hervorragenden Schultern. Schenkel an der Spitze verdickt. Auf dürrem Reisig.

**Fig. 5.** Gebänderter Barthornk., P. fascicularis Pz. Braun, grau und bräunlich behaart. Flügeldecken weiß gebändert mit einem schwarzen Höckerchen. Häufig in Kiefernreisig.

### Zauberbockkäfer, Mesosa Serv.

Flügeldecken viel breiter als das Halsschild. Fühler länger als der Körper, auf der Unterseite mit langen abstehenden Haaren. Schenkel etwas verdickt. Auf Nadelholz.

**Fig. 6.** Rüsselkäferähnlicher Zauberbockk., M. curculionoides L. Schwarz, grau behaart, mit goldgelben Flecken. Halsschild und Flügeldecken mit vier schwarzen Haarflecken. Selten.

**Fig. 7.** Wolkiger Zauberbockk., M. nubila Ol. Rötlich braun und grau behaart. Flügeldecken mit einer weißlichen Binde. Sehr selten in Eichen- und Buchenästen.

### Blütenbockkäfer, Agapanthia Serv.

Flügeldecken breiter als das lange Halsschild. Kopf mit stark gewölbtem Scheitel. Auf Pflanzen, meist auf Disteln.

**Fig. 8.** Enghalsiger Blütenbockk., A. angusticollis Gyll. Schwarz, gelblich behaart. Erstes Fühlerglied dicht gelb behaart. Häufig auf Disteln.

### Kragenbockkäfer, Saperda Fab.

Flügeldecken mit hervorragenden Schultern, gleich breit oder nach hinten verengt. Fühler so lang oder länger als der Körper. Auf Blumen und Gesträuchern.

**Fig. 9.** Espenbockk., Hundsbockk., S. carcharias L. Grau oder bräunlich gelb befilzt. Männchen bedeutender nach hinten verengt. Häufig an lebenden Pappeln und Weiden.

**Fig. 10.** Leiterbockk., S. scalaris L. Schwarz, Flügeldecken mit gelber Zeichnung und Naht. Selten. Larve in den Trieben von Kirschen- und Nußbäumen, Erlen und Ulmen.

**Fig. 11.** Pappelknotenbockk., S. populnea L. Gelblich grau behaart mit helleren Flecken auf den Flügeldecken. Sehr häufig Larve in Stengelanschwellungen von Zitterpappeln.

## Kleinbockkäfer, Polyopsia Muls., Tetrops Steph.

Flügeldecken doppelt so lang als zusammen breit. Augen vollkommen in zwei Teile geteilt.

**Fig. 12.** Gelblicher Kleinbockk., P. praeusta L. Flügeldecken mit Ausnahme der Spitze und Beine gelbbraun. Beine schwärzlich. Auf Apfel- und Pflaumenblüten. Larve in dürren Ästen.

## Trägbockkäfer, Oberea Muls.

Lang gestreckt, walzenförmig, Halsschild ohne Seitenhöcker. Flügeldecken sehr schmal, an der Spitze schief abgestutzt oder abgerundet. An Blättern. Larven im Mark von Sträuchern.

**Fig. 13.** Doppeltpunktierter Trägbockk., O. oculata L. Rötlich gelb, Fühler, Flügeldecken und zwei Punkte am Halsschilde schwarz. Nicht selten. Auf Weiden und Haseln.

**Fig. 14.** Geißblatt-Trägbockk., O. pupillata Gyll. Wie die vorige, nur sind die Flügeldecken an der Wurzel gelb. Selten. Larve in Geißblattstengeln, die der ähnlichen erythrocephala Fab. in Wolfsmilchwurzeln.

## Pflanzenbockkäfer, Phytoecia Muls.

Flügeldecken nach hinten gewöhnlich verengt, etwas breiter als das Halsschild. Augen stark ausgerandet. Beine kurz. Die ziemlich vielen Arten leben auf verschiedenen Pflanzen.

**Fig. 15.** Grüner Pflanzenbockk., Ph. virescens Fab. Oberseite mit grünem oder graublauem Filze bedeckt, drei Linien über dem Halsschilde heller. Nicht selten. Larve in den Wurzeln von Natterkopf. Echium.

### Fliegenbockkäfer, **Necydalis L. (Molorchus Fab.).**

Flügeldecken kaum länger als breit, bedecken die nicht einziehbaren Flügel nur wenig. Schenkel an der Spitze keulenförmig verdickt. Auf Blüten und Sträuchern.

**Fig. 16.** Großer Fliegenbockk., N. salicis Muls. Schwarz, goldhaarig. Fühler, Beine und Flügeldecken rötlich gelbbraun. Auf Blüten. Larve in Weiden, Linden und Espen.

**Fig. 17.** Kleiner Fliegenbockk., N. minor L. Schwarz, behaart; Flügeldecken, Fühler und Beine braun. Auf Holder-Blüten. Die Larven leben unter der Rinde von Fichtenholz, die verlassenen Gänge sind an Zäunen vielfach zu bemerken.

### Weidenbockkäfer, **Rhamnusium Latr.**

Körper ziemlich walzenförmig. Flügeldecken breiter als das Halsschild. Fühler fadenförmig, kaum halb so lang als der Körper. Schenkel gleich dick. Die einzige Art:

**Fig. 18.** Rh. salicis Fab. Rotbraun, Flügeldecken schwarz mit blauem oder grünlichem Schimmer. An Weiden und Pappeln. Larve im Holze von Eichen, Buchen und Ulmen.

## Tafel XVIII.

### Schrotbockkäfer, **Rhagium Fab.**

Flügeldecken nach hinten verengt, auf dem Rücken flach gewölbt. Hinterschenkel fast die Flügeldeckenspitze erreichend, schwach verdickt. Auf gefällten Baumstämmen.

**Fig. 1.** Gemeiner Schrotbockk., Rh. mordax Fab. Dicht gelb behaart, Querbinde der Flügeldecken breit, gelb und etwas verwischt. An Eichen und Erlen, Larve unter der Rinde derselben.

**Fig. 2.** Lauernder Schrotbockk., Rh. inquisitor Fab. Die Querbinden auf den Flügeldecken scharf, rotgelb, an der Naht unterbrochen. Häufig in Buchen und Eichen, Larve unter der Rinde davon.

**Fig. 3.** Zangen-Schrotbockk., Rh. indagator Fab. Braungelb, mit weißem Haarfilz bedeckt. Flügeldecken mit zwei undeutlichen Querbinden. An Kiefern und Fichten, Larve unter deren Rinde.

**Fig. 4.** Doppeltgebänderter Schrotbock., Rh. bifasciatum Fab. Flügeldecken unbehaart, schwarz, mit zwei schiefen gelben Quermakeln. An Nadelholzstämmen. Larve unter Fichten- und Tannenrinde.

## Blumenbockkäfer, Toxotus Serv.

Flügeldecken am Grunde doppelt so breit als das Halsschild, mit hervorragenden Schultern. Beine schlank und lang, Schenkel wenig verdickt. Auf blühenden Gesträuchern.

**Fig. 5.** Schwarzer Blumenbock., T. cursor L. Weibchen ganz schwarz, Männchen (noctis L.) mit roten Flügeldecken und rötlich gelbbraunen Fühlern und Schienen. Nicht überall in Nadelwaldungen. Larve in Fichtenstumpen.

**Fig. 6.** Mittags-Blumenbock., T. meridionalis L. Flügeldecken des Männchens sehr stark, die des Weibchens mäßig gegen die Spitze verengt, entweder nur am Schulterrand oder ganz rötlich gelbbraun. Halsschild beiderseits mit einem stumpfen Höcker. Häufig auf Blumen.

## Strauchbockkäfer, Pachyta Serv.

Flügeldecken breit, vorn stark gewölbt mit vorspringenden Schultern, nach hinten stark verengt und an den Spitzen abgerundet. Auf Dolden und auf gefälltem Holze.

**Fig. 7.** Vierfleckiger Strauchbock., P. quadrimaculata L. Flügeldecken gelb, jede mit zwei schwarzen Flecken. Nicht selten auf Blumen.

**Fig. 8.** Achtfleckiger Strauchbock., P. octomaculata Schall. (cerambyciformis Schnk.). Flügeldecken grau behaart, jede mit drei bis vier schwarzen Flecken und schwarzer Spitze. Auf Blüten und gefälltem Holz.

**Fig. 9.** Blauer Strauchbock., P. virginea L. Flügeldecken grün, blau oder violett. Bauch und gewöhnlich auch das Halsschild rot. In Gebirgsgegenden häufig.

**Fig. 10.** Rothalsiger Strauchbock., P. collaris L. Halsschild und Bauch rot. Flügeldecken violett, schwarzgrün oder dunkelblau. Häufig, besonders auf Spierstauden.

## Schnürbockkäfer, Strangalia Serv.

Flügeldecken beim Männchen stark, beim Weibchen weniger nach hinten verengt. Beine schlank, einfach. Halsschild meist länger als breit. Auf Blüten.

**Fig. 11.** Viergebändeter Schnürbockk., St. quadrifasciata L. Flügeldecken mit drei gelben, unterbrochenen Binden, Spitze schwarz. Besonders auf den Blüten des Traubenholunders.

**Fig. 12.** Schwarzer Schnürbockk., St. atra Fab. Schwarz, fein grau behaart. Unten seidenartig glänzend. Häufig auf blühenden Schirmpflanzen.

**Fig. 13.** Bewaffneter Schnürbockk., St. armata Hbst Flügeldecken gelb mit schwarzen Binden. Hinterschienen beim Männchen mit zwei Zähnen, Hinterleib schwarz, beim Weibchen sind die erstern unbewaffnet und die drei ersten Hinterleibsringe gelb. Nicht überall häufig.

**Fig. 14.** Zweibändriger Schnürbockk., St. bifasciata Schrk. Flügeldecken rot mit schwarzer Naht und Spitze, letztere beim Weibchen breiter schwarz. Häufig auf Blüten.

**Fig. 15.** Schwarzafteriger Schnürbockk., St. melanura L. Schwarz, Flügeldecken rötlichbraun, die Naht und Spitze schwarz, letztere beim Weibchen breiter schwarz. Sehr häufig auf Schafgarben und Wucherblumen.

## Schmalbockkäfer, Leptura L.

Der vorigen Gattung sehr ähnlich, nur sind die Flügeldecken an der Spitze mehr abgerundet. Auf Blüten.

**Fig. 16.** Gelber Schmalbockk., L. testacea L. Schienen und Flügeldecken beim Männchen gelbbraun, beim Weibchen nebst dem Halsschild rot. Auf Spierstauden. Larven in Fichtenstumpen, häufig.

**Fig. 17.** Weißschildiger Schmalbockk., L. scutellata Fab. Ganz schwarz, fein grau behaart. Schildchen dicht, weiß oder gelblich behaart. Selten, Larven in Buchenstumpen.

## Gleichdeckbockkäfer, Grammoptera Serv.

Flügeldecken wenig verengt, an der Spitze etwas abgerundet. Halsschild vorn zugerundet, seine Scheibe gewölbt, Hinterwinckel nur mit kleinen Spitzen. Auf Blumen.

**Fig. 18.** Brauner Gleichdeckbockk., Gr. laevis Fab. Schwarz, Flügeldecken gelbbraun mit schwärzlicher Naht und Spitze. Fühler pechbraun, das erste Glied rostrot. Selten auf Blumen.

## Tafel XIX.

## 45. Familie. Samenkäfer, Bruchidae.

Körper meist rundlich mit rüsselförmigem Kopfende. Flügeldecken etwas verkürzt, weshalb der Hinterleib nicht ganz davon bedeckt wird. Sie leben in Samen, wurden früher zu den eigentlichen Rüsslern gestellt, jetzt aber getrennt, da ihnen eine Furche zum Einlegen der geraden Fühler fehlt.

### Samenkäfer, Bruchus L.

Kleine Käferchen mit elfgliedrigen Fühlern, welche in einer Ausrandung der Augen eingelassen und nach außen verdickt sind. In den Samen von Schotenfrüchten.

**Fig. 1.** Erbsenkäfer, B. pisi L. Schwarz, weißgrau behaart, die ersten vier Fühlerglieder, Schienen und Füße rotgelb. Häufig, Larven in den Schoten von Erbsen, in welchen man die toten Käfer oft findet.

**Fig. 2.** Bohnenkäfer, B. rufimanus Schönh. Dem vorigen sehr ähnlich, aber die Vorderschenkel rotgelb. Sehr häufig. Larven in Pferd- und Gartenbohnen. In den Linsen ist B. lentis Schönh. zu finden.

## 46. Familie. Blattkäfer, Chrysomelidae.

Käfer von kurzem, gedrungenem, meist stark gewölbtem Baue von geringer Größe, deren Fühler, verschieden gebildet, selten länger als der halbe Körper sind. Sie leben alle von Pflanzen oder Sträuchern und einige sind dem Feldbau sehr gefährlich.

### Keimblattkäfer, Orsodaena Latr.

Flügeldecken ziemlich walzenförmig, Halsschild schmal. Fühler fadenförmig, vor den Augen eingefügt. Kopf nebst den runden vorspringenden Augen so breit als das Halsschild. Auf Blüten.

**Fig. 3.** Kirschkeimblattk., O. cerasi Fab. Veränderlich. Flügeldecken blaß rötlichgelb, oder schwarz mit gelbem Halsschild, oder ganz schwarz. Auf blühenden Äpfeln oder Traubenkirschen.

## Rohrschenkelkäfer, Donacia Fab.

Flügeldecken viel breiter als das Halsschild, ziemlich flach mit stumpf hervorragenden Schultern. Hinterschenkel länger und gewöhnlich auch dicker als die übrigen. Auf Wasserpflanzen.

**Fig. 4 und 9.** Dickschenkeliger Rohrk., D. crassipes Fab. Metallgrün oder bläulich, Fühlerwurzel und Beine rötlich. Hinterschenkel des Männchen mit zwei Zähnen. Nicht selten auf Wasserrosen.

**Fig. 5.** Pfeilkraut-Rohrk., D. sagittariae Fab. Hellgrün, goldglänzend, fein behaart, der lemnae Fab. sehr ähnlich, welche aber einen purpurnen Längsstreifen auf den Flügeldecken hat. Auf Wasserpflanzen und Riedgräsern.

**Fig. 6.** Buntfarbiger Rohrk., D. discolor Hope. Hellgrün, blau oder schwarzblau. Vorderwinkel des Halsschildes als kleiner spitzer Höcker vorspringend. Gemein auf nassen Wiesen.

**Fig. 7.** Bitterklee-Rohrk., D. menyanthidis Fab. Goldgrün, silberweiß behaart. Fühler und Beine rötlich. Hinterschenkel die Spitze der Flügeldecken erreichend. Gesellig in den Blattscheiden von Schilfrohr und Schwertlilie.

**Fig. 8.** Behaarter Rohrk., D. tomentosa Ahr. Erzfarben, oder grünlich. Fühlergliederwurzel und Beine schwärzlich. Selten auf Riedgräsern.

Schachtelhalm-Rohrk., D. (Haemonia) equiseti Fab. Gelb; Kopf, Fühler und Brust schwarz. Flügeldecken mit einigen Punktreihen. Auf Wasserpflanzen, lebt als Larve an den Wurzeln derselben.

## Jochblattkäfer, Zeugophora Kunze.

Körper walzenförmig, Halsschild schmal und lang. Kopf breiter als lang mit vorspringenden Augen. Beine kurz, dick. Auf Bäumen. Larven minieren die Blätter.

**Fig. 10.** Gelbhalsiger Jochblattk., Z. flavicollis Mrsch. Schwarz. Halsschild, Vorderbrust und Beine rötlichgelb. Auf Pappeln, in deren Blättern die Larven schwarze Mienen verfertigen.

## Zirpblattkäfer, Lema Fab.

Flügeldecken vorn erweitert, etwas eingeschnürt. Halsschild viel schmäler als die Flügeldecken. Fußklauen wenig von einander abstehend, am Grunde verwachsen oder getrennt. Auf Pflanzen. Bringen durch Reiben der Flügeldecken einen zirpenden Ton hervor.

**Fig. 11.** Getreidehähnchenk., L. cyanella L. Blau oder blaugrün, Fühler und Füße schwarz, und

**Fig. 12.** Rothalsiger Getreidehähnchenk., L. melanopa L. Blau, Halsschild, Schenkel und Schienen rot. Beide auf Gräsern und Getreide. Die mit einem schleimigem Überzug bedeckten Larven auf den Halmen derselben.

**Fig. 13.** Lilienhähnchenk., L. (Crioceris) merdigera L. Schwarz, Halsschild und Flügeldecken gelbrot. Auf Lilien. Die mit einem schwarzen, schleimigen Überzug bedeckten Larven auf deren Blättern.

**Fig. 14.** Zwölfpunktierter Spargelk., L. (Crioc.) duodecimpunctata L. Flügeldecken gelbrot mit sechs schwarzen Punkten. Auf Spargelkraut, Larven in den Samen.

**Fig. 15.** Spargelk., L. (Crioc.) asparagi L. Flügeldecken gelblich mit sechs schwarzen Punkten und schwarzem Kreuze. Käfer und Larven auf Spargelkraut.

## Sackblattkäfer, Clythra Laich.

Walzenförmig. Kopf eingezogen, mit meist senkrechter Stirn. Halsschild so breit als die Flügeldecken, meist etwas erweitert. Auf Wiesen und niederen Pflanzen, die Larven leben in Säcken.

**Fig. 16.** Langfüßiger Sackblattk., C. longipes Fab. Schwarz. Flügeldecken blaßgelb mit drei schwarzen Flecken. Das Männchen mit sehr langen Vorderbeinen. Nicht selten.

**Fig. 17.** Langarmiger Sackblattk., C. longimona L. Flügeldecken blaßgelb mit einem kleinen Schulterflecken. Fühler violett, am Grunde rötlich. Kopf des Männchens sehr groß, die Vorderbeine stark verlängert. Häufig.

**Fig. 18.** Vierpunktierter Sackblattk., C. quadripunctata L. Glänzend rotgelb mit zwei schwarzen Flecken. Häufig auf Weiden, Espen und Linden. Die Larve auf niederen Pflanzen in einem Sack. **Fig. 19.**

**Fig. 20.** Glatter Sackblattk., C. laeviuscula Rtzb. Gelbrot. Halsschild glänzend, glatt. Flügeldecken mit zwei schwarzen Flecken, von denen der hinterste sehr groß ist. Häufig.

**Fig. 21.** Blauer Sackblattk., C. cyanea L. Halsschild und Beine rotgelb. Flügeldecken glänzend, blau oder blaugrün. Auf feuchten Wiesen und Wassergräben.

### Fallblattkäfer, Eumolpus Kugel.

Halsschild fast kugelig, viel breiter als lang, in der Mitte erweitert. Flügeldecken fast viereckig. An Wasserpflanzen.

**Fig. 22.** Dunkler Fallblattk. E. obscurus L. Schwarz, wenig glänzend, fein grau behaart. An Wassergräben auf Weidenröschen nicht selten.

### Fallblattkäfer, Cryptocephalus Geoff.

Walzenförmig. Kopf eingezogen. Halsschild meist so groß als die abgerundeten Flügeldecken. Die Weibchen haben Gruben auf dem letzten Bauchringe. Auf niederen Pflanzen und Gesträuchern. Larven Sackträger.

**Fig. 23.** Hasel-Fallblattk., C. coryli L. Schwarz, Flügeldecken rot mit schwarzer Schulterbeule, Fühlerwurzel und zwei Striche auf der Stirn gelb. Nicht selten auf Haseln, Erlen und Weiden.

**Fig. 24.** Gelbgerandeter Fallblattk., C. cordiger L. Flügeldecken fein schwarz gerandet, kirschrot mit zwei schwarzen Flecken. Halsschild mit gelber Zeichnung. Auf Weiden, Haseln und Erlen.

**Fig. 25.** Achtpunktierter Fallblattk., C. octopunctatus Scop. Flügeldecken rot mit je zwei veränderlichen schwarzen Punkten und umgeschlagenem Seitenrande. Häufig.

**Fig. 26.** Blauer Fallblattk., C. violaceus Fab. Blau oder grünlich, unten fein behaart. Sehr häufig auf Weiden und Birken.

**Fig. 27.** Seidenglänzender Fallblattk., C. sericeus L. Goldgrün, veilchenblau oder purpurrot. Halsschild mit zwei schwachen Eindrücken. Fast überall auf Korbblütlern.

**Fig. 28.** Schwarzer Fallblattk., C. lobatus L. Schwarz. Flügeldecken und Halsschild blau. Beine und Kopf vor den Fühlern gelb. Häufig auf Birken, Erlen und Weiden.

**Fig. 29.** Verschiedenfarbiger Fallblattk., C. variegatus Fab. Flügeldecken ganz gelb, zerstreut punktiert, mit kleiner schwarzer Makel an jeder Schulterecke. Häufig auf Birken.

**Fig 30.** Gelb-afteriger Fallblattk., C. moraei L. Schwarz mit gelben Seitenflecken und gelber Flügelspitze. Sehr gemein, besonders auf Johanniskraut.

**Fig. 31.** Gelbfüßiger Fallblattk., C. flavipes F. Schwarz, Flügeldecken dunkelblau, die Beine und Vorder- und Seitenrand bei den Männchen gelb. Auf Haseln, Birken, Weiden.

**Fig. 32.** Gerandeter Fallblattk., C. marginatus Fab. Männchen schwarzblau, Weibchen gelb mit schwarzblauem Saume und Naht. Auf Birken und Eichen.

**Fig. 33.** Doppelpunktierter Fallblattk., C. bipunctatus L. Schwarz, an der Spitze der Flügeldecken mit einem großen roten Flecken. **Fig. 34.** var. bipustulatus Fab. ganz schwarz mit zwei roten Flecken auf den Hinterecken der Flügeldecken. Häufig auf Gesträuchern.

**Fig. 35.** Gefleckter Fallblattk., (Pachybrachys) hieroglyphicus Fab. Schwarz. Kopf, Fühler, Halsschild, Beine und Flügeldecken gelb und schwarz. Nicht selten.

## Tatzenblattkäfer, Timarcha Rdtb.

Körper rundlich, hoch gewölbt, ungeflügelt. Halsschild mit leistenartig abgesetztem Rande. Im Gras und unter Steinen, lassen bei der Berührung eine rote Flüssigkeit aus den Gelenken treten.

**Fig. 36.** Großer Tatzenblattk., T. tenebricosa L. Schwarz, Halsschild vor der Mitte am breitesten. Käfer und seine dicke dunkelgrüne Larve im ersten Frühling auf Laubkraut gemein.

**Fig. 37.** Lederartiger Tatzenblattk., T. coriaria Fab. Schwarz. Halsschild in der Mitte am breitesten. Ebenso gemein auf Wiesen und Rainen.

**Fig. 38.** Metallglänzender Tatzenblattk., T. metallica Fab. Bronzefarben, stark glänzend. Fühler und Beine rotbraun. Seltener, mehr im Gebirge.

## Eigentliche Blattkäfer, Chrysomela L.

Körper eiförmig oder länglich, hoch gewölbt, meist geflügelt. Zweites Fußglied schmäler als das erste und dritte. Auf niederen Pflanzen und Sträuchern, oft durch ihre Menge schädlich.

**Fig. 39.** Weinbeerblattk., C. staphylea L. Eiförmig gelbbraun-metallisch-glänzend. Flügeldecken unregelmäßig gestreift. Überall häufig.

**Fig. 40.** Johanniskrautblattk., C. varians Fab. Dunkelblau, violettgrün, dunkelgrün oder bronzefarben, kupfern oder goldglänzend. Sehr häufig, besonders auf Johanniskraut.

**Fig. 41.** Göttinger Blattk., C. goettingensis L. Violett, Taster, Fühler und Füße rostgelb. Überall nicht selten.

**Fig. 42.** Gerandeter Blattk., C. marginata L. Braunerzfarben. Fühlerwurzel und ein schmaler Seitenrand der Flügeldecken gelbrot. Nicht selten.

**Fig. 43.** Blauer Blattk., C. violacea Pz. Blau oder blaugrün. Flügeldecken zerstreut-punktiert. An Wassergräben, auf Mentha-Arten.

**Fig. 44.** Goldgrüner Blattk., C. graminis L. Goldgrün mit gelbroter Fühlerwurzel. Mehr in Norddeutschland, besonders gern auf Rainfarn.

**Fig. 45.** Glänzender Blattk., C. fastuosa L. Flach gewölbt, goldgrün mit hellgelber Fühlerwurzel. Häufig auf Brennessel und Lippenblättern, in deren Kapseln die Larve steckt.

**Fig. 46.** Gras-Blattk., C. cerealis L. Metallgrün oder rot. Flügeldecken mit feuerroten und veilchenblauen Streifen. Auf dürren Gebirgswiesen oft sehr häufig.

## Tafel XX.

**Fig. 1.** Messingfarbener Blattk., C. lamina Fab. Glänzend olivengrün mit rötlicher Fühlerwurzel. Flügeldecken feinzerstreut-punktiert. Nicht häufig auf Pappeln.

**Fig. 2.** Dunkelblauer Blattk., C. (Oreina) tristis Fab. Blau oder grünlich, länglich, Flügeldecken öfters mit grünlichem Schimmer. In Gebirgsgegenden häufig auf Alpendost und Huflattich.

**Fig. 3.** Prächtiger Blattk., C. (Oreina) speciosa Pz. (gloriosa Fab.) Grün oder blau, sehr schwer von dem vorigen zu unterscheiden. Im Gebirge wie der vorige.

**Fig. 4.** Erzfarbener Blattk., C. (Lina) aenea L. Blau oder grün, selten schwarz. Seitenrand des Halsschildes nicht abgesetzt. Fühlerwurzel und Saum der Hinterleibsspitze rötlichgelb. Gemein auf Erlen und Birken.

**Fig. 5.** Zwanzigpunktierter Blattk., C. (Lina) vigintipunctata Scop. Erzgrün. Seitenrand des Halsschildes und Fühlerwurzel und Flügeldecken strohgelb, letztere mit zwanzig Flecken. Nicht häufig auf Weiden.

**Fig. 6.** Lappländischer Blattk., C. (Lina) lapponica L. Blauschwarz oder blaugrün. Flügeldecken rötlichgelb mit drei unregelmäßigen blaugrünen Querbinden. Mehr in Norddeutschland auf Weiden.

**Fig. 7.** Großer Pappelblattk., C. (Lina) populi L. Schwarzblau. Flügeldecken ziegelrot mit schwarzer Spitze. Seitenrand des Halsschildes hinten schwach abgesetzt. Sehr häufig auf Pappeln.

**Fig. 8.** Kleiner Pappelblattk., C. (Lina) tremulae Fab. Dem vorigen sehr ähnlich, aber kleiner und sein Halsschild stark abgesetzt. Etwas seltener, auf Pappeln.

**Fig. 9.** Knöterich-Blattk., C. (Gastrophysa) polygoni L. Blaugrün, Fühlerwurzel, Halsschild, Schenkel und Hinterleibsspitze rot. Häufig auf Knöterich. Polygonum.

**Fig. 10.** Meerrettich-Blattk., C. (Plagiodera) armoraciae L. Blau, grün, violett oder kupferfarben. Fühlerwurzel rotbraun. Häufig auf Weiden.

**Fig. 11.** Sehr gemeiner Blattk., C. (Phratora) vulgatissima L. Metallisch blaugrün, grünlich oder purpurviolett. Fühlerwurzel und Hinterleibsrand rötlich. Auf Weiden sehr häufig.

**Fig. 12.** Wasserfenchel-Blattk., C. (Helodes) phellandrii L. Langgestreckt. Seitenrand des Halsschildes und der Flügeldecken, eine gerade Längsbinde auf letzteren gelb. Nicht häufig auf Phelladrium, in deren Stengeln die Larve lebt.

### Schmutzblattkäfer, Adimonia Laich.

Flügeldecken breiter als das Halsschild, nach hinten bauchig erweitert. Drittes Fühlerglied länger als das vierte. Die Weibchen viel größer als die Männchen mit vorstehendem Hinterkörper. Auf Pflanzen.

**Fig. 13.** Schwarzer Schmutzblattk., A. tanaceti L. Meist ganz schwarz. Flügeldecken grob und tief punktiert. Gemein auf niederen Pflanzen.

**Fig. 14.** Brauner Schmutzblattk., A. rustica Schall. Flügeldecken heller braun. Schildchen der Länge nach vertieft. Auf Grasplätzen sehr gemein.

### Furchtblattkäfer, Galeruca Fab.

**Fig. 15.** Seerosen-Blattkäfer, G. nymphaeae Fab. Braungelb mit schwärzlichem Seitenrand der Flügeldecken. Halsschild mit einer großen Grube beiderseits. Auf Wasserpflanzen.

**Fig. 16.** Schneeballen-Blattk., G. viburni Payk. Braun lederartig gerunzelt, ein Flecken auf der Stirn, die Mittellinie und Seiten des Halsschildes schwärzlich. Auf blühenden Gesträuchern.

**Fig. 17.** Liniierter Furchtblattk., G. lineola Fab. Gelbbraun, das Schildchen, sowie die Schulterblätter der Flügeldecken schwarz. Nicht selten auf Erlen und Weiden.

### Heerdeblattkäfer, Agelastica Redt.

Kopf samt den Augen fast so breit als die Mitte des Halsschildes. Flügeldecken am Grunde breiter als das Halsschild, nach hinten bauchig erweitert. Auf Gesträuchern.

**Fig. 18.** Blauer Heerdeblattk., A. alni L. Violett oder blau. Fühler, Schildchen und Füße schwarz, unten schwarzblau. Käfer und die schwarzen Larven auf Erlen gemein.

**Fig. 19.** Grüner Heerde-Blattk., A. halensis L. Flügeldecken grün oder blaugrün. Halsschild rötlich gelb. Nicht selten, besonders auf Labkraut.

### Blattflohkäfer, Luperus Geoff.

Halsschild seitlich gerundet. Kopf vorgestreckt, nebst Augen, fast so breit als das Halsschild. Flügeldecken breiter als letzteres. Schenkel nicht verdickt. Auf Bäumen und Gesträuchern.

**Fig. 20.** Gelbfuß, L. flavipes L. Schwarz, die ersten Fühlerglieder, Halsschild und Beine rötlich gelb. Auf Obstbäumen, besonders den Birnblättern oft schädlich.

## Erdfloh, Haltica Jll.

Halsschild viel breiter als lang. Flügeldecken gewöhnlich etwas breiter als das Halsschild. Hinterschenkel verdickt. Große Gattung mit lauter sehr kleinen hüpfenden Käferchen, welche auf niederen Pflanzen und Bäumen leben und dem Feldbau oft sehr nachteilig werden.

**Fig. 21.** Verschieden gefärbter Erdfloh, H. versicolor Kutsch. Blau, grün, goldglänzend, Beine mit Ausnahme der Schenkel rötlich gelb. Auf Weiden und Pappeln gemein.

**Fig. 22.** Punktierter Erdfloh, H. impressa Fab. Rötlich gelbbraun mit vielen Punkten. Ziemlich selten.

**Fig. 23.** Braunhörniger Erdfloh, H. fuscicornis L. Flügeldecken blau, Kopf, Halsschild, Fühler und Beine rötlichgelb. Ziemlich selten auf Malven.

Gelbstreifiger Erdfloh, H. nemorum L., ist von den vielen gelb und schwarzen Erdflöhen der gemeinste und ist den Rüben, Kohlarten und anderen Feldpflanzen oft sehr gefährlich.

**Fig. 24.** Wollkraut-Erdfloh, H. (Longitarsus) verbasci Pz. Blaß braungelb, manchmal die Naht und die Hinterschenkel pechbraun. Auf Wollkraut nicht selten.

**Fig. 25.** Brauner Erdfloh, H. (Sphaeroderma) testacea Pz. Halbkugelig, rotgelb. Nicht selten auf niederen Pflanzen.

## Dornblattkäfer, Hispa L.

Kopf hervorragend. Halsschild breiter als lang und wie die Flügeldecken mit langen Stacheln bewaffnet. Die einzige Art:

**Fig. 26.** H. atra L. Schwarz, glanzlos. Erstes Fühlerglied an der Spitze mit einem langen, zweites mit einem kurzen Dorne. Auf sandigen Grasplätzen, Abends auf Grashalmen, nicht häufig.

## Schildkäfer, Cassida L.

Kopf unter das Halsschild verborgen. Flügeldecken an der Spitze abgerundet, mit dem abgesetzten Seitenrand viel breiter als der Hinterleib. Auf niederen Pflanzen, die meisten besitzen einen prächtigen Gold- oder Silberglanz, der im Tode bald verschwindet.

**Fig. 27.** Östreichischer Schildk., C. austriaca Fab. Rostbraun mit schwarzen Punkten, beim lebenden Käfer goldglänzend. Käfer und Larven auf Wiesensalbei, selten.

**Fig. 28.** Rotbrauner Schildk., C. murraea L. Gerundet eiförmig, rotbraun. Unterseite nebst Beinen schwarz. Käfer und Larven auf Minze und Alant, nicht häufig.

**Fig. 29.** Gezeichneter Schildk., C. vibex L., rubiginosa Jll. Grün, Flügeldecken an der Wurzel mit einer rotbraunen dreieckigen Makel. Häufig, besonders auf Distelarten.

**Fig. 30.** Nebliger Schildkäfer, C. nebulosa L. Rostbraun, unregelmäßig schwarz gefleckt, unausgefärbt gelblich grün. Sehr häufig. Manchmal den Runkelrüben schädlich.

**Fig. 31.** Grüner Schildk., C. equestris Fab., viridis L. Grün, Unterseite schwarz, Flügeldecken dicht punktiert und fein gerunzelt. Sehr häufig auf niederen Pflanzen, besonders Lippenblütlern.

## 47. Familie. Kolbenkäfer, Erotylidae.

Fühler elf-, selten zehngliedrig, keulenförmig. Beine auseinanderstehend. Vorderhüften kugelförmig, in die Gelenkgruben eingefügt. Füße vier- oder fünfgliedrig, indem das vierte oft sehr klein und im dritten eingeschlossen ist.

### Dreiblattkolbenkäfer, Triplax Fab.

Fühler mit drei getrennten Endgliedern. Körper länglich oder lang eiförmig. In Schwämmen.

**Fig. 32.** Russischer Dreiblattkolbenk., T. russica L. Rotgelb, Fühler, Schildchen und Flügeldecken schwarz. Nicht selten in Baumschwämmen von Äpfelbäumen.

### Stockkäfer, Endomychidae.

Fühler zwischen oder vor den Augen eingefügt. Füße viergliedrig, das dritte sehr klein und in einer Aushöhlung des zweiten versteckt. Unter Rinde von alten Bäumen.

### Heimstockkäfer, **Endomychus Pz.**

Vorderbrust mit einem, die Mittelhüften von einander trennenden Fortsatze. Die einzige Art.

**Fig. 33.** Roter Heimstockk., E. coccineus L. Hochrot, zwei große Flecken auf jeder Flügeldecke und die Mitte des Halsschildes schwarz. Unter faulender Baumrinde nicht selten.

---

## Vierte Gruppe.

Käfer mit drei Zehengliedern. Dreigliedrige. Trimera.

## 48. Familie. Kugelkäfer, Coccinellidae.

Körper halbkugelförmig. Fühler neun- bis elfgliedrig, allmählich verdickt oder keulenförmig, vor den Augen eingefügt. Füße scheinbar dreigliedrig, indem das dritte in dem zweiten versteckt ist. Käfer und die schnelllaufenden Larven leben von Blattläusen und sind deshalb nützlich.

### Heckenkugelkäfer, **Hippodamia Muls.**

Länglich. Oberseite des Körpers kahl. Fühler elfgliedrig, am Vorderrande der Augen eingefügt. Beine ziemlich schlank, ihre Schenkel etwas den Seitenrand des Körpers überragend.

**Fig. 34.** Dreizehnpunktierter Heckenkugelk., H. tredecimpunctata L. Flügeldecken rot mit dreizehn sehr veränderlichen Punkten. Gemein.

### Marienkäfer, Halbkugelkäfer, Sonnenkälbchen, **Coccinella L.**

Körper meist halbkugelförmig. Letztes Fühlerglied an der Wurzel kaum schmäler als an der Spitze des vorletzten.

**Fig. 35** und **39.** Doppeltpunktierter Marienk., C. bipunctata L. Rot mit schwarzen Flecken, sehr veränderlich, doch ist die schwarze Farbe vorherrschend. **Fig. 36.** Die gewöhnlichste Art.

**Fig. 37.** Zehnpunktierter Marienk., C. decempunctata L., variabilis Fab. Rot mit zehn oder mit mehr oder weniger schwarzen Punkten. Häufig.

**Fig. 38.** Vielpunktierter Marienk., C. impustulata L. Gelb mit acht mehr oder weniger zusammenhängenden schwarzen Flecken auf den Flügeldecken und sieben auf dem Halsschilde. Nicht selten.

**Fig. 40.** Siebenpunktierter Marienk., C. septempunctata L. Rot, am Schildchen weiß, Flügeldecken je mit drei Punkten und ein gemeinschaftlicher auf der Naht. Eine der häufigsten Arten.

**Fig. 41.** Gelbgerandeter Marienk., C. (Halyzia) ocellata L. Stark gewölbt, gelbrot mit vielen schwarzen, gewöhnlich gelb umsäumten Punkten. Nicht selten.

**Fig. 42.** Zehnpunktierter Marienk., C. (Halyzia) decemguttata L. Rotgelb, die Seiten des Halsschildes und fünf große Flecken auf jeder Flügeldecke weißlich. Selten.

**Fig. 43.** Sechszehnpunktierter Marienk., C.(Halyzia) sedecimguttata L. Rot, Flügeldecken mit breitem Seitenrand, jede mit acht Flecken. Selten.

**Fig. 44.** Zwölfpunktierter Marienk., C. (Micraspis) duodecimpunctata L. Gelb, Halsschild mit schwarzen Punkten. Flügeldecken mit neun schwarzen Punkten und schwarzer Naht. Häufig.

## Herzkugelkäfer, Chilocorus Leach.

Körper unbehaart, Flügeldecken am Grunde viel breiter als das Halsschild.

**Fig. 45.** Rotfleckiger Herzkugelk., Ch. renipustulatus Scriba. Schwarz, ein eiförmiger Querfleck auf jeder Flügeldecke und der Bauch rot. Nicht selten.

**Fig. 46.** Vierpunktiger Herzkugelk., Ch. (Exochomus) quadripustulatus L. Schwarz. Flügeldecken mit vier roten Flecken. Farbe des Halsschildes und der Beine veränderlich. Häufig.

## Filzkugelkäfer, Epilachna Chevr.

Körper höckerig gewölbt, oben behaart. Fühler elfgliedrig, ihr Wurzelglied vom Kopfschild nicht bedeckt. Auf Pflanzen.

**Fig. 47.** Elfgefleckter Filzkugelk., E. undecimmaculata Fab. Hochgewölbt gelbrot mit elf schwarzen Punkten. Selten.

**Fig. 48.** Runder Filzkurzk., E. globosa Schneid. Rostrot mit sehr veränderlichen schwarzen Punkten. Auf Luzernklee häufig.

### Zwergkugelkäfer Scymnus Kugelm.

Flügeldecken am Grunde nicht oder nur wenig breiter als das Halsschild, letzteres nach vorn verengt.

**Fig. 49.** Stirn-Zwergkugelk., Sc. frontalis Fab. Schwarz, grau behaart, Flügeldecken mit einem oder zwei roten Flecken. Häufig.

### Kleinkugelkäfer, Rhizobius Steph.

Körper länglich-eiförmig, behaart. Letztes Fühlerglied fast zugespitzt. Flügeldecken verworren punktiert. Die einzige Art:

**Fig. 50.** Bezeichneter Kleinkugelk., Rh. litura Fab. Rötlich-gelbbraun, fein behaart. Flügeldecken mit braunen, unten gezackten Linien. Nicht häufig auf Fichten und Kiefern.

### Scharlachkugelkäfer, Coccidula Kugelm.

Körper länglich-eiförmig, letztes Fühlerglied schief abgestutzt. Flügeldecken gereiht-gestreift. Auf Sumpfpflanzen.

**Fig. 51.** Kleiner Scharlachkugelk., C. rufa Herbst. Gelbrot, Kopf, Halsschild und Beine gewöhnlich etwas heller. Die Brust und die zwei ersten Bauchringe schwarz.

## 49. Familie.

# Keulen-, Zwerg- oder Ameisenkäfer, Pselaphidae.

Flügeldecken verkürzt. Fühler elfgliedrig, keulenartig, Füße dreigliedrig. Sehr kleine Arten, welche unter Moos, Steinen und in Ameisennestern vorkommen und durch ihre Fühlerbildung leicht kenntlich sind.

Pselaphus Heisei Herbst. 1 mm lang. Rostrot. Halsschild viel länger als breit. Unter Steinen.

Claviger testaceus Preyssl. 2 mm lang. Rostrot. Fühler so lang als der Kopf. An sonnigen Anhöhen unter Steinen, bei Ameisen.

# Register der Gattungen.

## Verzeichnis der Schriftstellernamen (Autoren),

welche bei den Arten abgekürzt vorkommen und die Anfangsbuchstaben desjenigen Schriftstellers bedeuten, welcher den Käfer zuerst beschrieben hat.

| | |
|---|---|
| Ahr. | = Ahrens. |
| Bergst. | = Bergstraesser. |
| Bierk. | = Bierkander. |
| Boisd. | = Boisduval. |
| Bon. | = Bonelli. |
| Boud. | = Boudier. |
| Cand. | = Candcze |
| Cast. | = Castelnau. |
| Charp. | = Charpentier. |
| Chd. | = Chaudoir. |
| Clairv. | = Clairville. |
| Crtz. | = Creutzer. |
| Dlm. | = Dalmann. |
| D. G. | = De Geer. |
| Duft. | = Duftschmidt. |
| Er. | = Erichson. |
| Fab. | = Fabricius. |
| Fisch. | = Fischer. |
| Fröhl. | = Fröhlich. |
| Geoff. | = Geoffroy. |
| Germ. | = Germar. |
| Grav. | = Gravenhorst. |
| Gyll. | = Gyllenhal. |
| Ill. | = Illiger. |
| K. u. Sp. | = Kirby u. Spence. |
| Kn. | = Knoch. |
| Kr. | = Kraatz. |
| Kug. | = Kugelmann. |
| Lacord. | = Lacordaire. |
| Latr. | = Latreille. |
| L. | = Linné. |
| Mannh. | = Mannerheim. |
| Mars. | = Marsham. |
| Meg. | = Megerle. |
| Motsch. | = Motschulski. |
| Muls. | = Mulsant. |
| Nicol. | = Nicolai. |
| Nordm. | = Nordmann. |
| Ol. | = Olivier. |
| Pall. | = Pallas. |
| Pz. | = Panzer. |
| Payk | = Paykull. |
| Preys. | = Preyssler. |
| Putz. | = Putzeys. |
| Ratz. | = Ratzeburg. |
| Redt. | = Redtenbacher. |
| Reich. | = Reichenbach. |
| Rosenh. | = Rosenhauer. |
| Schönh. | = Schönherr. |
| Sol. | = Solier. |
| St. | = Sturm. |
| Thunb. | = Thunberg. |
| Ullr. | = Ullrich. |
| Vill. | = Villa. |
| Westw. | = Westwood. |
| Wieg. | = Wiegmann. |
| Zenk. | = Zenker. |
| Zetterst. | = Zetterstädt. |
| Ziegl. | = Ziegler. |
| Zimm. | = Zimmermann. |

1.

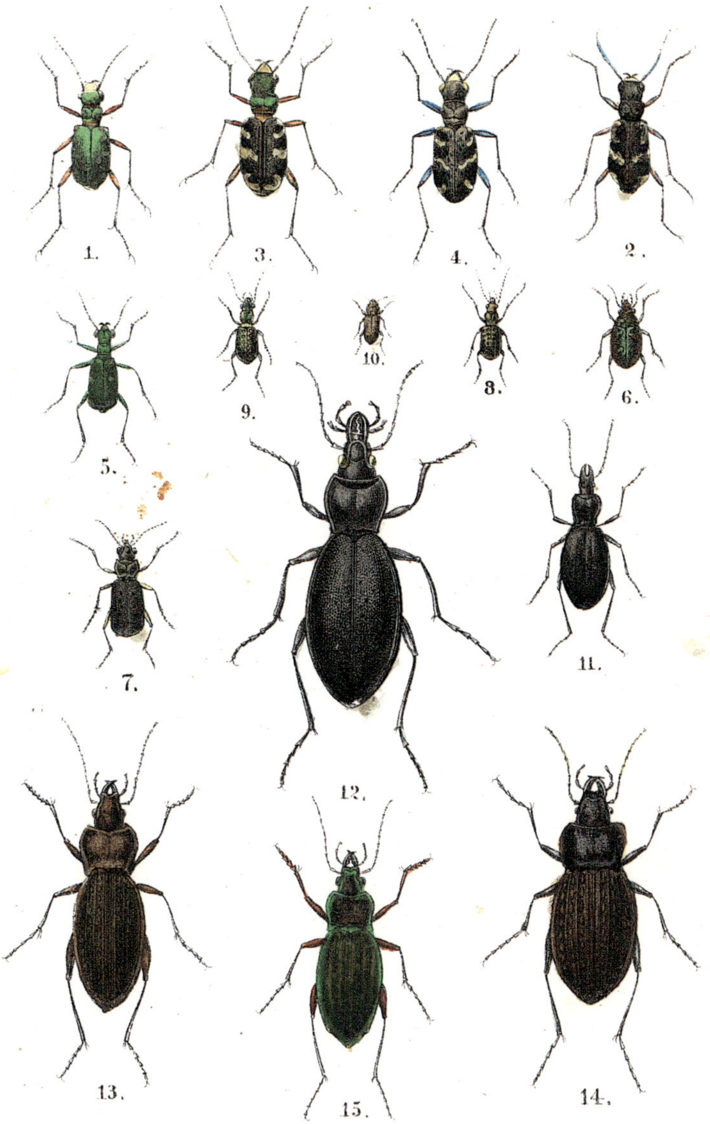

2.

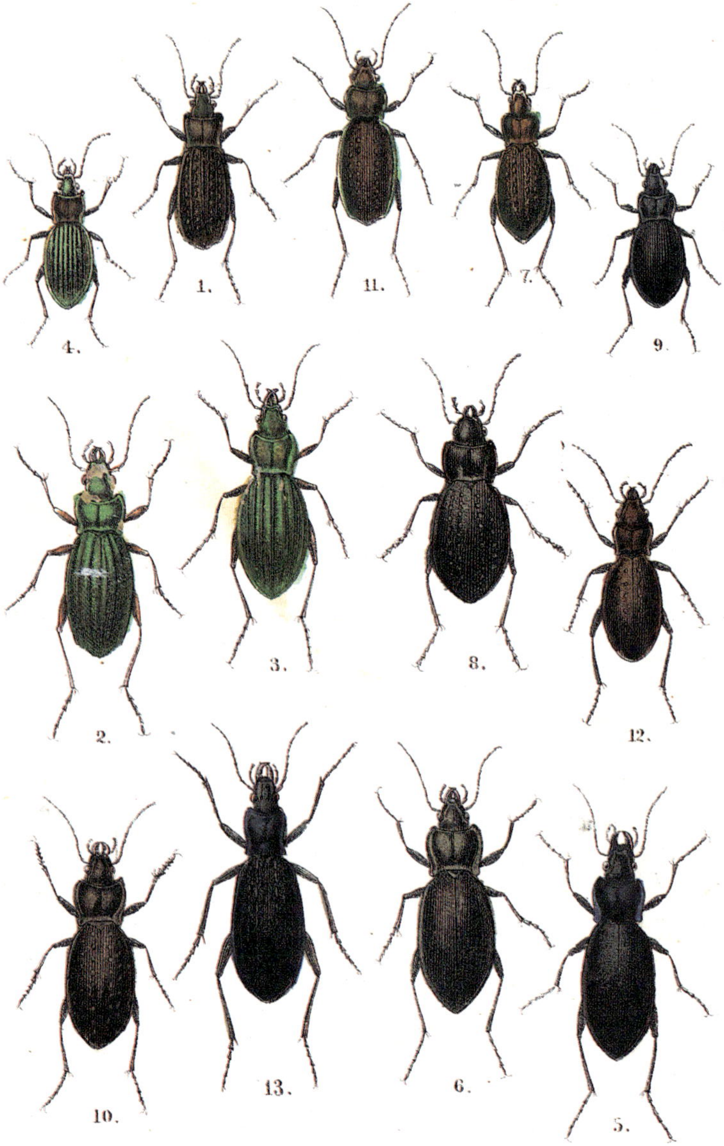

3.

7.
9
6.
5.
8.
10
11.
3.
12.
13.
14.
2.
1.
17.
16.
4.
19.
20.
18.
15.
21.
22.
25.
23.
27.
29.
26.
30.
24.
28.

4.

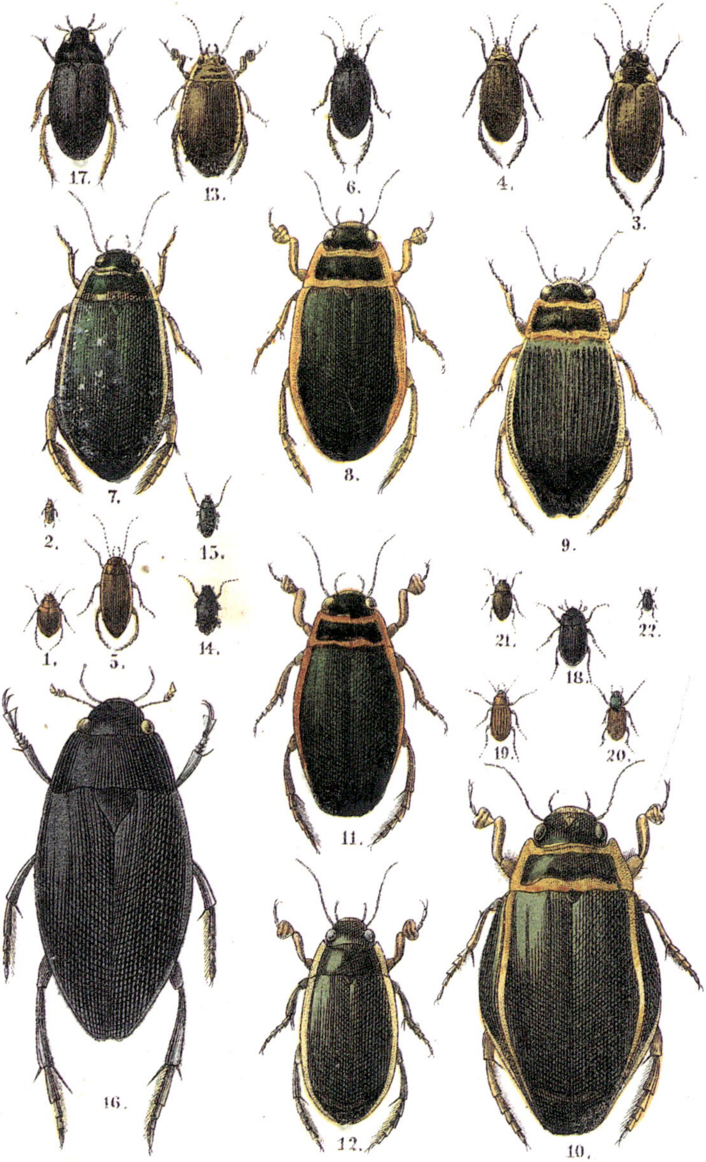

5.

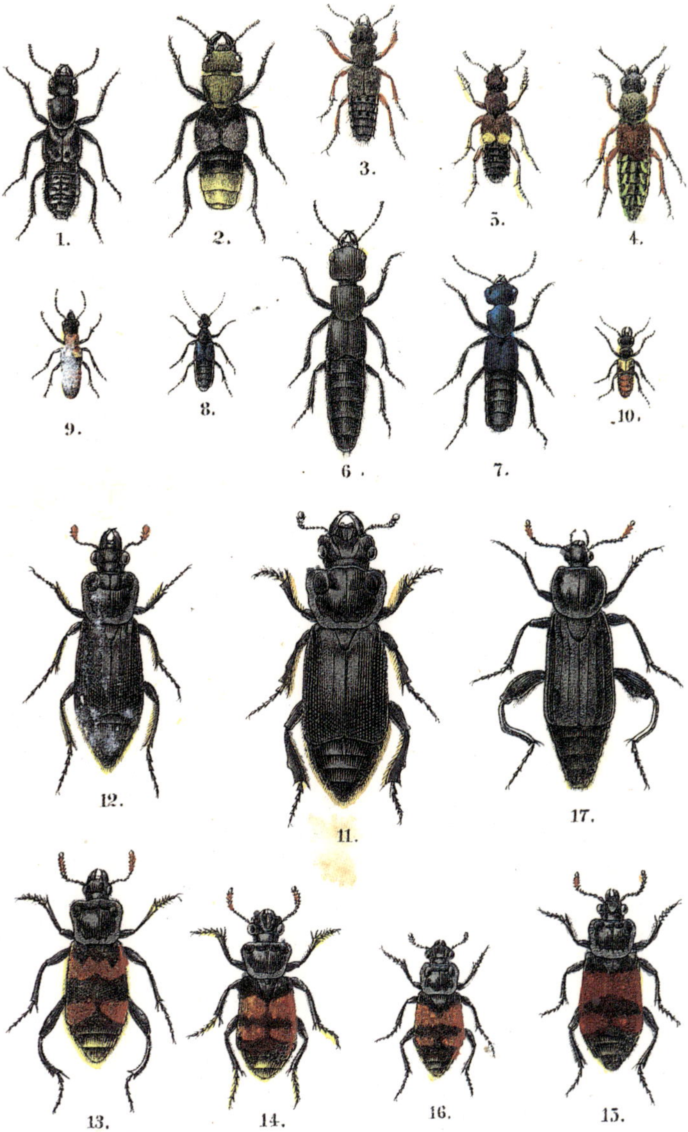

6.

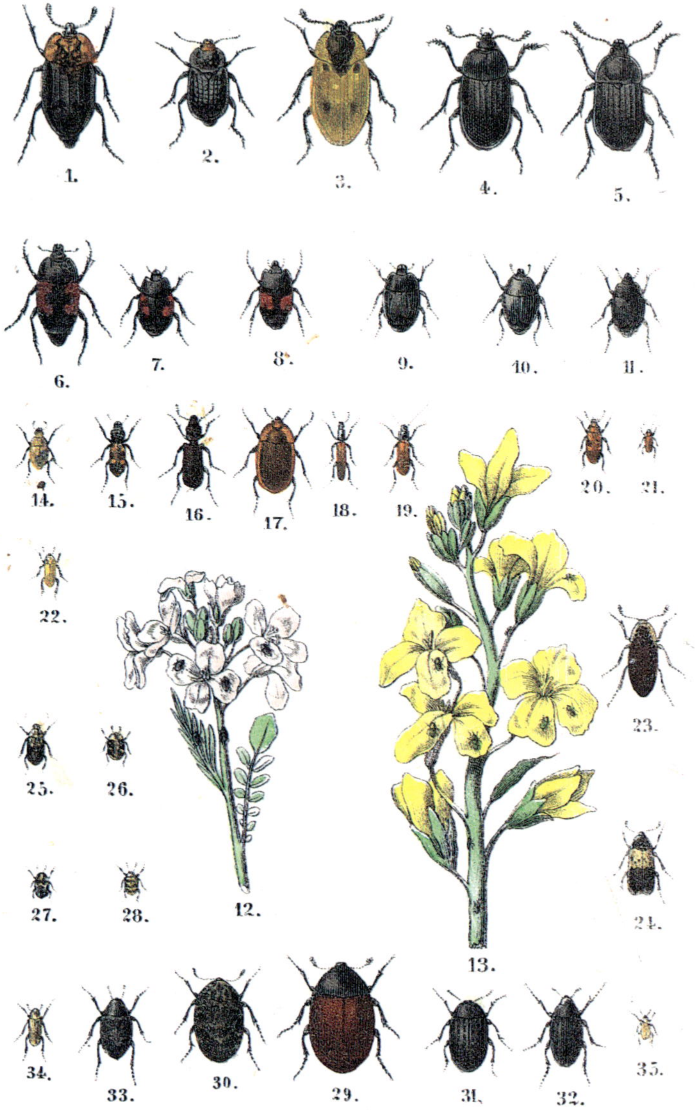
1.
2.
3.
4.
5.
6.
7.
8.
9.
10.
11.
12.
13.
14.
15.
16.
17.
18.
19.
20.
21.
22.
23.
24.
25.
26.
27.
28.
29.
30.
31.
32.
33.
34.
35.

7.

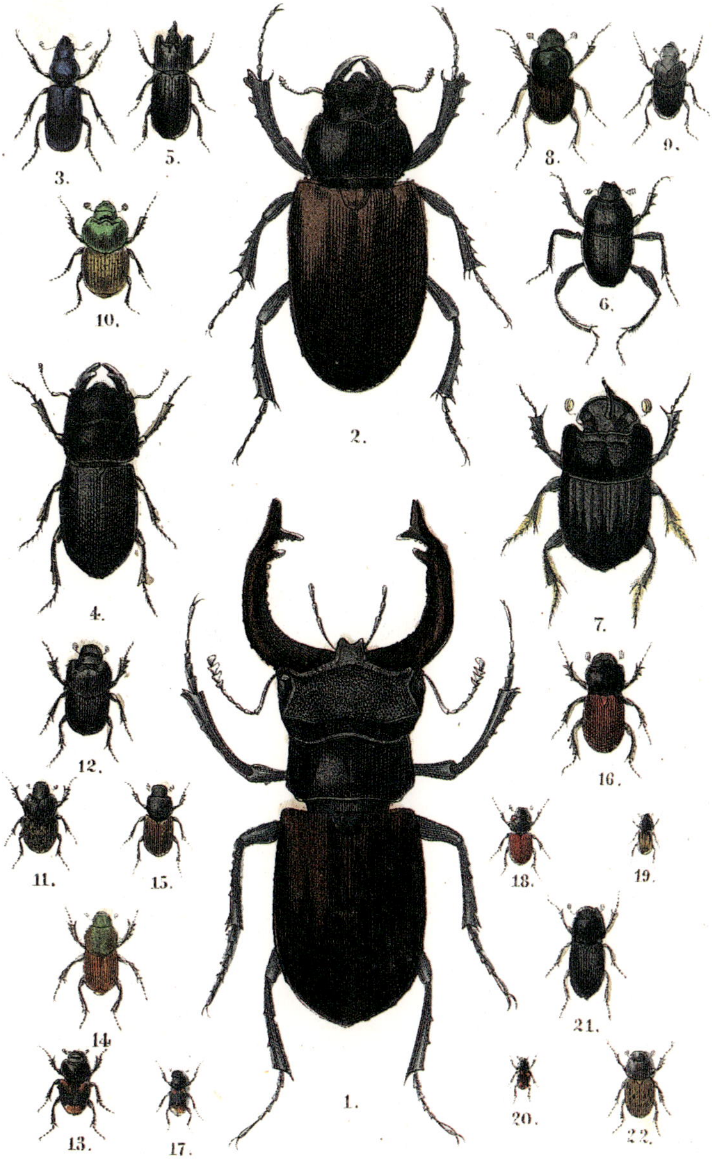

8.

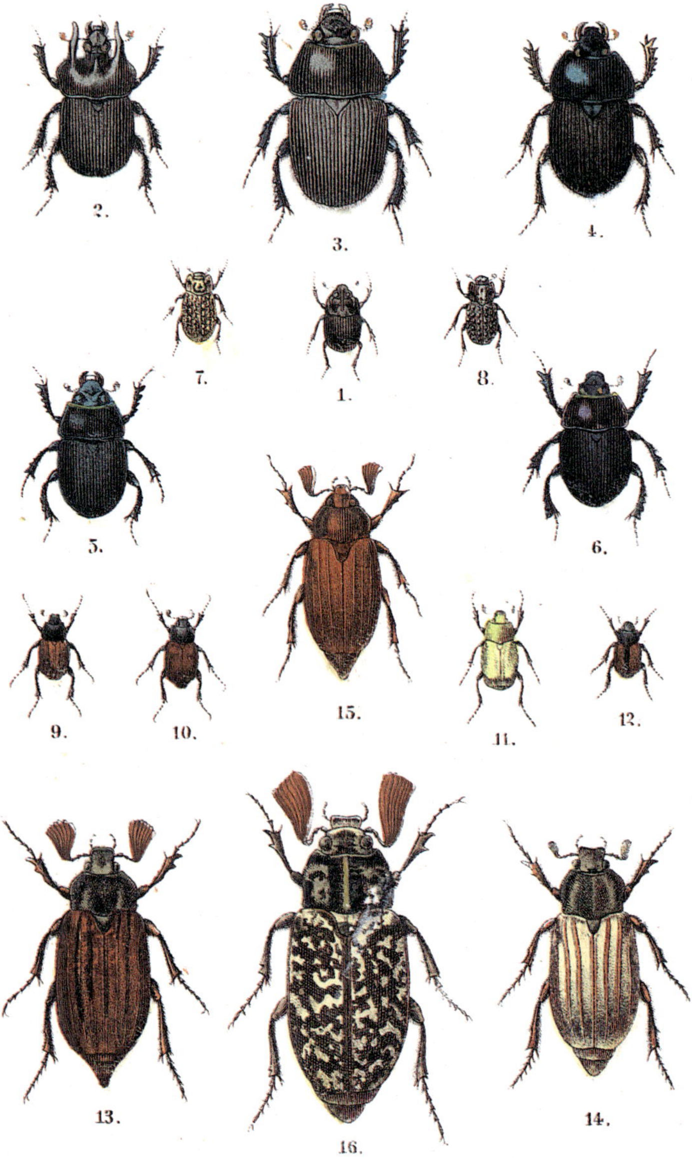

4.
3.
1.
2.
5.
10.
7.
6.
8.
11.
9.
13.
14.
16.
15.
18.
17.
12.

10.

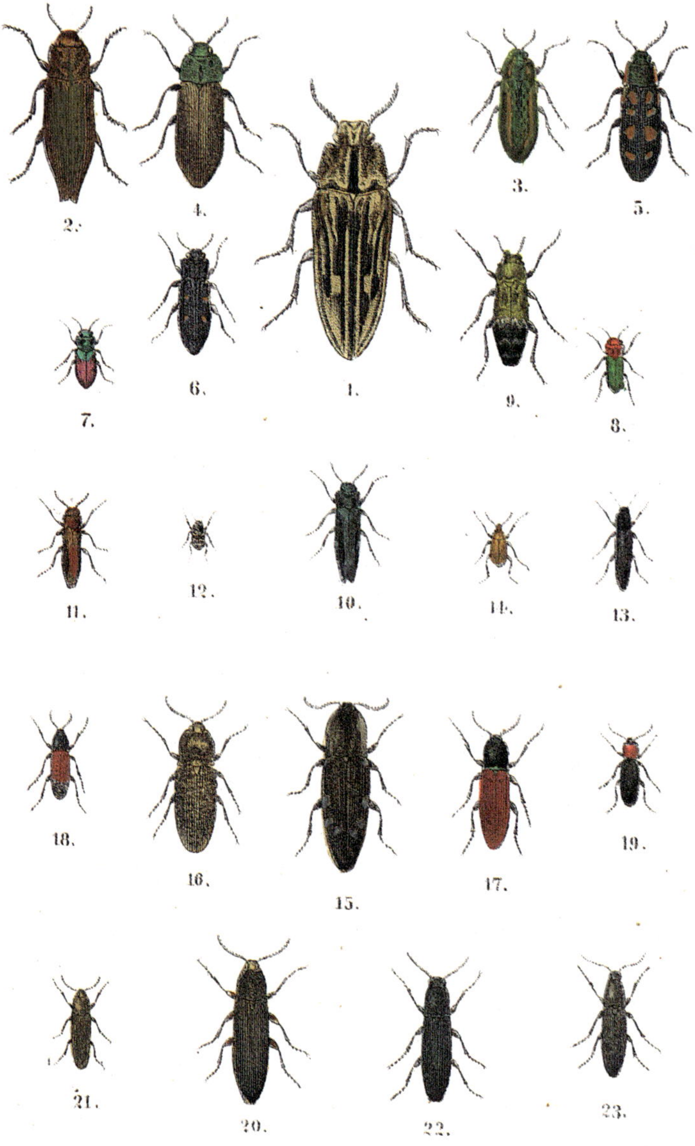

11.

1. 2. 5. 3. 4.
7. 6. 8. 11. 13. 10. 9. 12.
14. 15. 17. 18. 19. 20.
16. 21. 22. 32. 23. 24. 25.
27. 26. 29. 30. 28. 31.

12.

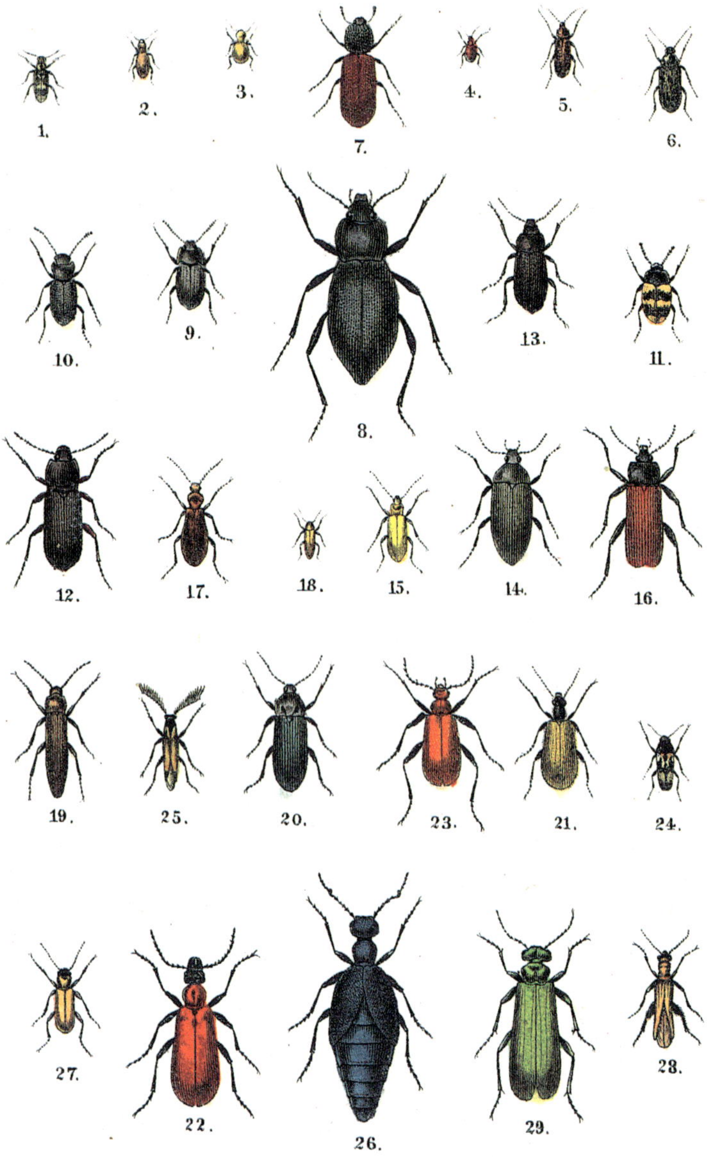

13.

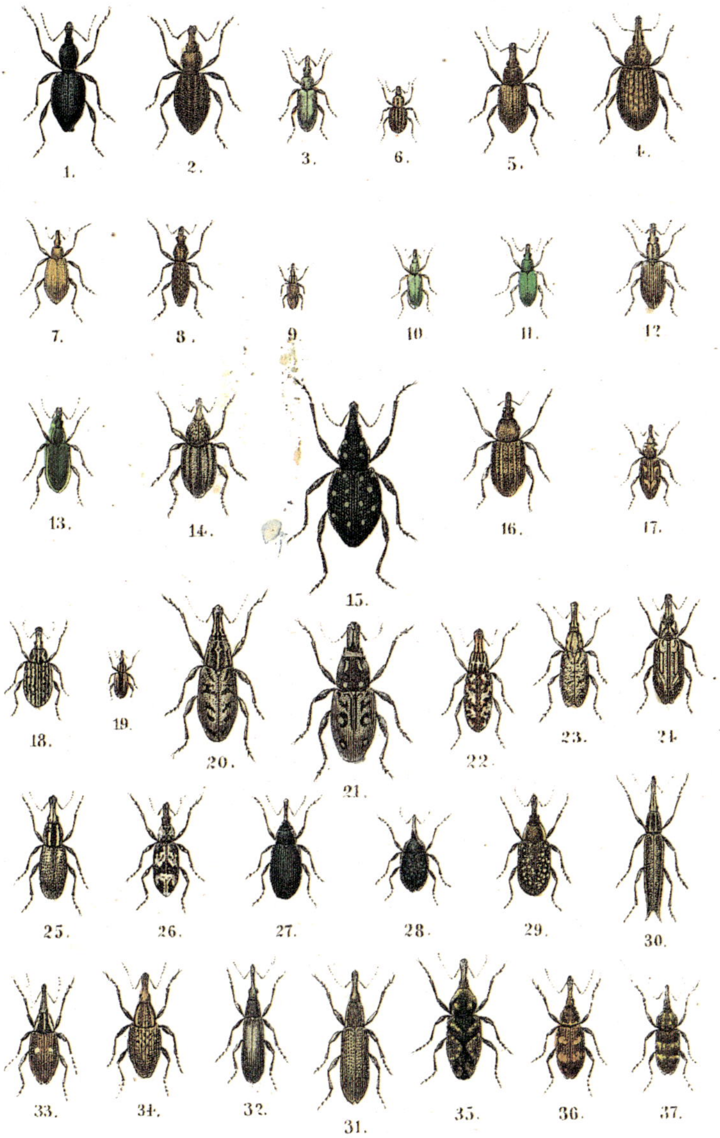

1.
2.
3.
6.
5.
4.
7.
8.
9.
10.
11.
12.
13.
14.
15.
16.
17.
18.
19.
20.
21.
22.
23.
24.
25.
26.
27.
28.
29.
30.
33.
34.
32.
31.
35.
36.
37.

14.

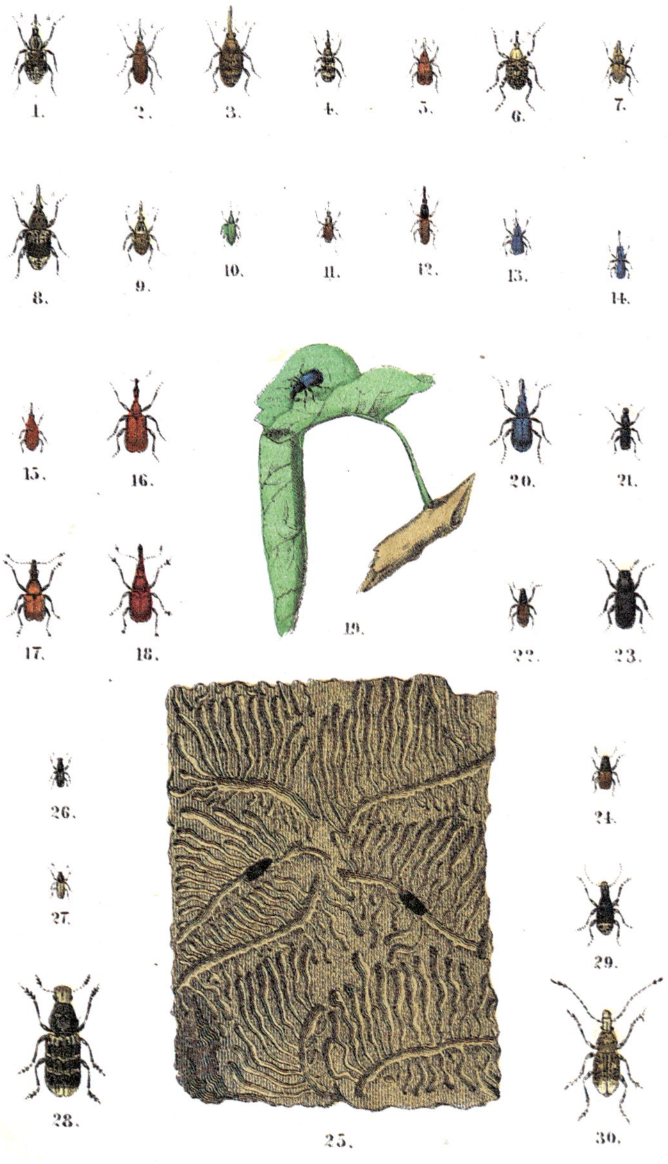
1.
2.
3.
4.
5.
6.
7.
8.
9.
10.
11.
12.
13.
14.
15.
16.
19.
20.
21.
17.
18.
22.
23.
26.
24.
27.
29.
28.
25.
30.

15.

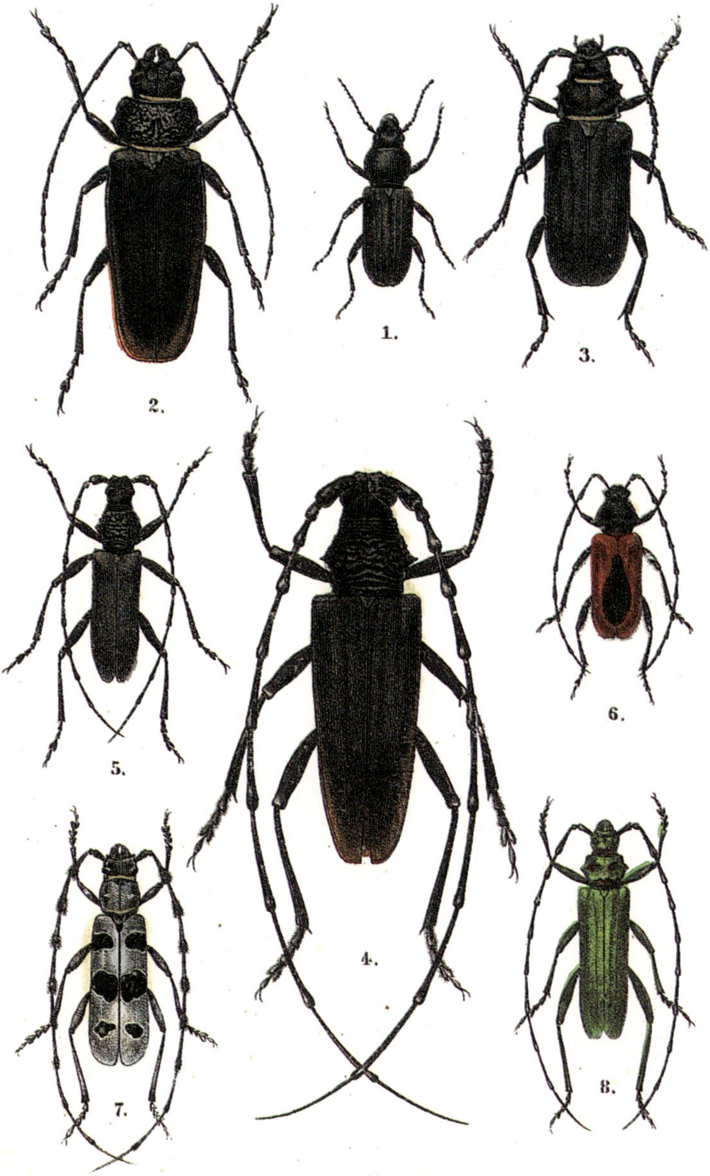

16.

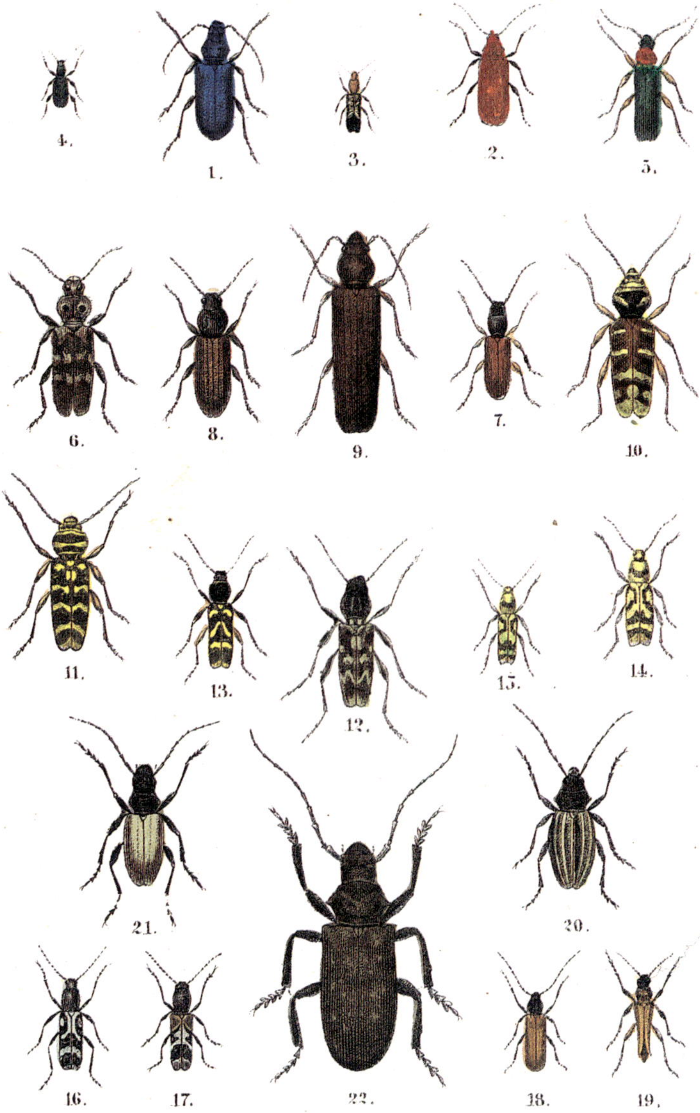

17.

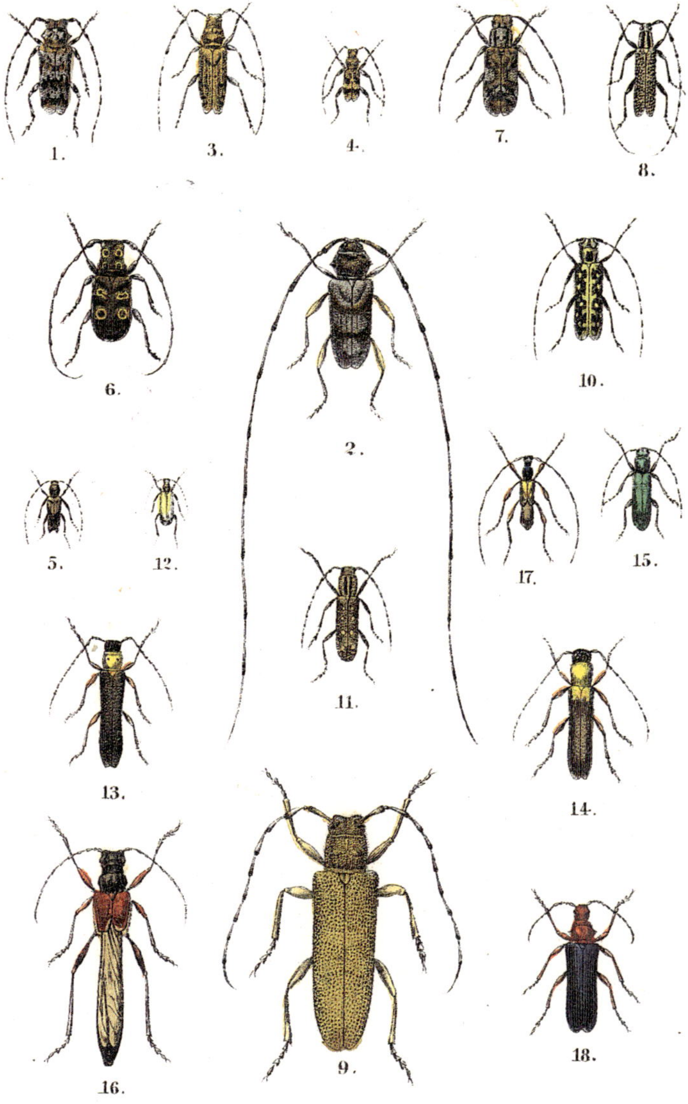

18.

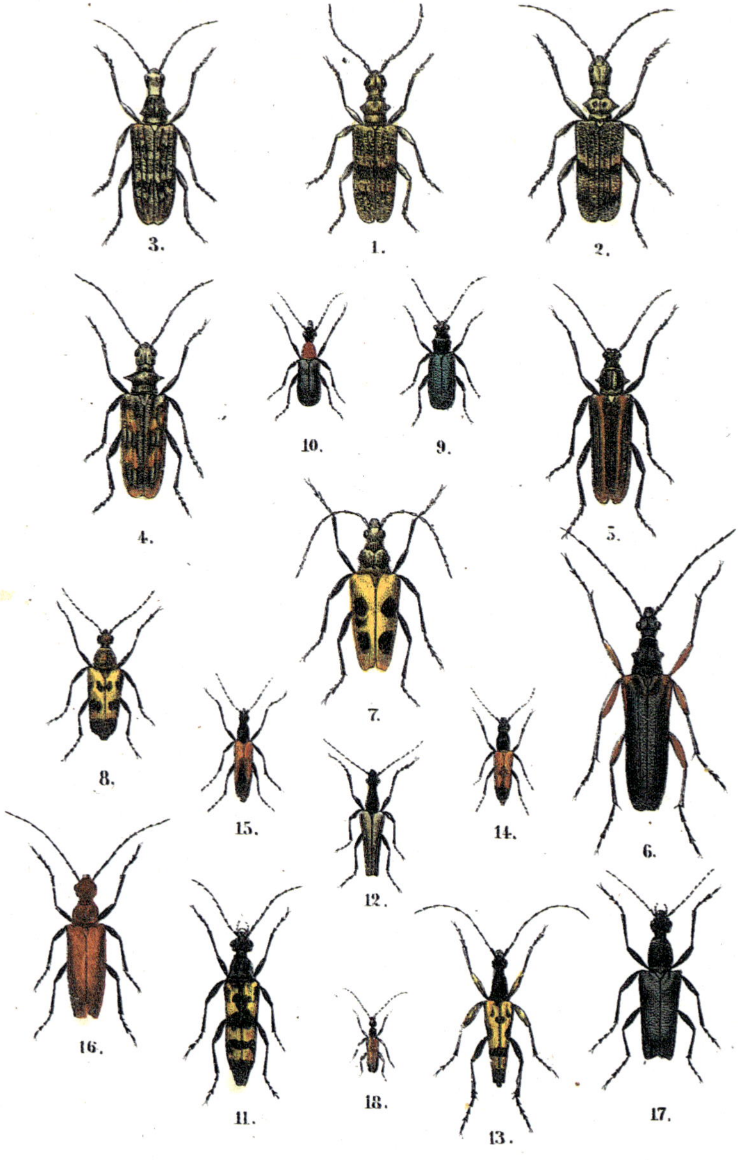

19.

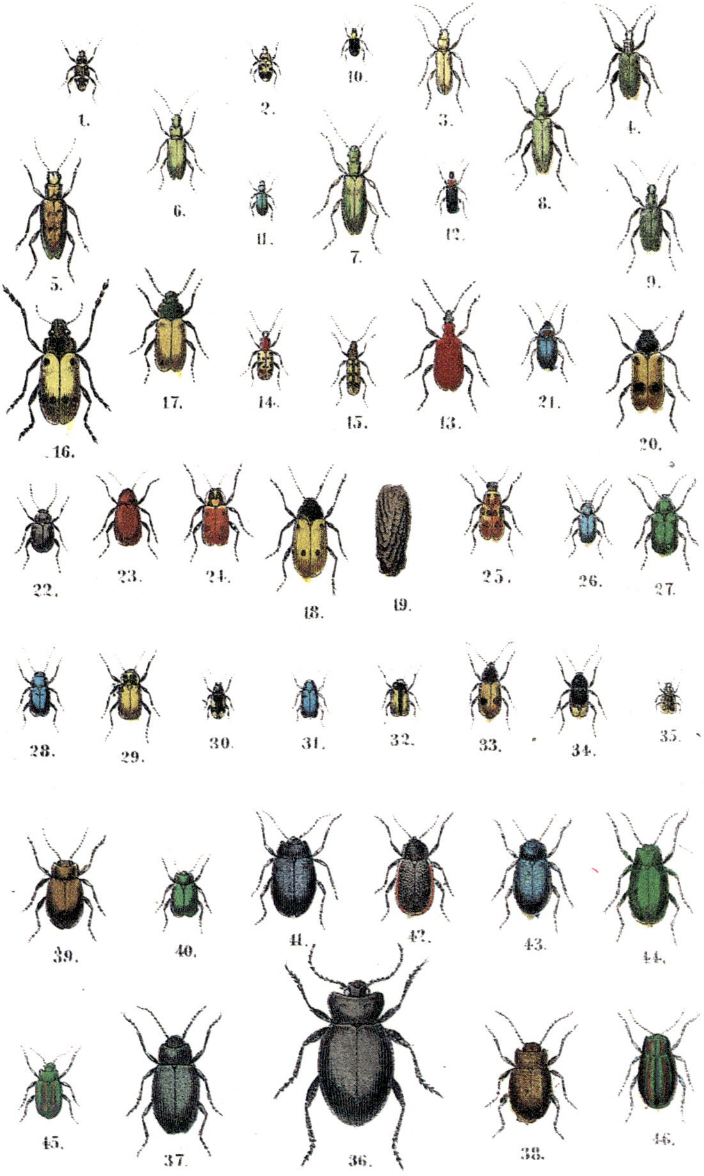

20.

5. 1. 2. 3. 4. 6.
10. 9. 8. 7. 13. 11. 12.
15. 16. 17. 18. 19. 14. 20. 21. 22. 23.
24. 29. 28. 27. 31. 30. 25.
26. 32. 33. 34. 35. 36. 37.
38. 39. 40. 41. 42. 43. 44.
50. 46. 45. 47. 48. 49. 51.